看不見卻超重要的奇妙世界！

電學，
精簡圖解
很好懂！

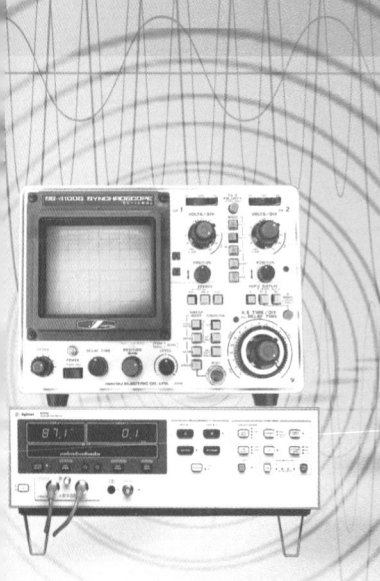

連小學生都在使用手機的現代。數位 Hi-Vision（高畫質）的藍光光碟問世，資訊科技時代的家電不斷的顯著進化。許多人包括我在內，都感嘆著「還是以前的舊錄影機好操作」。

內建無線 LAN（Local area network）的筆記型電腦已經非常普遍，如果再這樣進步下去的話，未來電的領域將會如何演變呢？相信這是連專家也無法預料。

筆者從事 30 年以上的電腦系統設計、開發。最近，也設計了手機的內藏天線和 RFID 標籤的小型天線，但是，向來為日本獨佔的小型、高性能電氣用品，現在在世界中的競爭也更為激烈了。

筆者在孩童時期，非常景仰宛如魔術師施展魔法般，製造電氣產品的人員。能隨心所欲地操縱電，實在令人瞠目結舌。但是，只要明白原由，大家都會嘆服發出「原來如此」的驚嘆聲。就因為這樣的心態，我才跳進這個世界，但不久後，就了解自己的想法太天真了。因為，前輩絕對不會輕易的解明「原由」。這並非他們藏私。只要硬著頭皮一直問下去，就會獲得令人吃驚的回答。「老實說，我也不太了解真正的原由」、「ㄟ，連電的世界也會有不了解的東西……？」

古代希臘哲學家泰勒斯所做的靜電實驗、磁鐵與鐵砂、雷……人類從很早時期就知道電。事實上，前輩已經製作了非常了不起的產品。縱然如此，還是有無法了解的原由（真讓我不解）。

電氣製品是使用歐姆法則所設計的。

「從電池傳導金屬線的是電，驅動位於其前面零件的力量也是電」、「電的流通就是電流，就是自由電子在金屬的通路流動。究竟還有甚麼不了解的呢？」

透過通路傳導的電，是非常「守規矩的電」。另一方面，手機的電直到途中的規矩都很好，但是從天線向空間出發時，就突然變成「不守規矩的電」。電的來源是「電荷」，因此如何操作這種電荷，則依魔術師的本領而定。而且，在變成這種不守規矩的電的地方，究竟發生甚麼事呢？其實這是尚未完全解明。

　　各位讀者們，或許有人會認為如此不努力所製作的電氣製品，恐怕會造成使用者困擾。不過，這也是事實。重力也是如此。雖知「在那裡」，卻不了解其原由。但無須杞人憂天，地球依舊持續轉動著。

　　電的來源，是隨著宇宙的誕生，從137億年前就存在著的電荷。如此般古老時期就有了電，但人類開始察覺其存在，則是在古代希臘時期。

　　從老早就存在電的長遠時間來看，這只是瞬間的事。現代是被稱為Ubiquitous（普遍存在）社會，外表看來人類似乎能自由操作電波，但是，打從馬克士威預言到赫茲獲得實證，僅僅經過一百來年而已。能夠遭遇如此奇蹟瞬間的筆者，心存感激，在幸福中努力從事每日的工作。

　　其實，在電的世界裡無法解明原由的部分，或許只是一小部分而已。本書會不惜辛勞竭力闡明原由，請諸君安心。希望藉學習電學，期許在將來製作有趣製品的讀者，若能透過本書玩賞品味電的機制，筆者將備感榮幸。

小暮　　裕明

電學，精簡圖解很好懂

CONTENTS

第4章 電的工廠

第 12 章　**電氣和太空**

参考文献

科学思想のあゆみ　伊東俊太郎ほか（岩波書店）
電気回路I　飯島健一・中西邦雄（オーム社）
電気理論　浅香裕一・小林壮一（オーム社）
送配電　不動弘幸・池内大典（オーム社）
科学史序説　橋本万平（共立出版社）
電磁気の単位はこうして作られた　木幡重雄（工学社）
物理学史断章　西條敏美（恒星社厚生閣）
高校数学でわかるマクスウェル方程式　竹内淳（講談社）
電磁気学のABC 福島肇（講談社）
光と電気のからくり　山田克哉（講談社）
物理トリック＝だまされまいぞ！　都筑卓司（講談社）
物理法則集　都筑卓司（ごま書房）
ワイヤレスの世界　小暮裕明（CQ出版社）
SEスキルアップNOTE 小暮裕明（CQ出版社）
わかる半導体セミナー　伝田精一（CQ出版社）
やさしいアマチュア無線の製作　西田和明（CQ出版社）
「ものをはかる」しくみ　関根慶太郎・瀧澤美奈子（新星出版社）
電磁気計測　電気学会通信教育会（電気学会）
電気機器工学II　電気学会通信教育会（電気学会）
図説・アンテナ　後藤尚久（電子情報通信学会）
マクスウェルの生涯　カルツェフ（東京図書）
ノイズと不要輻射のはなし　伊藤健一（日刊工業新聞社）
Newton 11/2007「磁石の可能性」
つかぬことをうかがいますが…
　　　　　　　ニュー・サイエンティスト編集部（早川書房）
磁力と重力の発見　山本義隆（みすず書房）

衛星通信入門　野坂邦史・村谷拓郎（オーム社）
発変電　鈴木彦三・道上勉（オーム社）
電気機械　福井良夫・森田好彦（オーム社）
新説　アインシュタイン（学習研究社）
電波読本　電波開発利用研究会（クリエイト・クルーズ）
テラヘルツ波の基礎と応用　西澤潤一（工業調査会）
エントロピーとは何か　掘淳一（講談社）
電波技術への招待　徳丸仁（講談社）
新版改訂・なぜ磁石は北をさす　力武常次（講談社）
「場」とはなんだろう　竹内薫（講談社）
アンテナの科学　後藤尚久（講談社）
高周波の世界　小暮裕明（CQ出版社）
パソコンによるアンテナ設計　小暮裕明（CQ出版社）
上級ハムになる本　大塚政量（CQ出版社）
アマチュアの衛星通信　日本AMSAT（CQ出版社）
ロボティクス入門　髙橋良彦（裳華房）
電気のしくみ　新星出版社編集部（新星出版社）
電気機器工学I　電気学会通信教育会（電気学会）
電気磁気学（改訂版）　電気学会通信教育会（電気学会）
マイクロ波工学　清水俊之・三原義男（東海大学出版会）
「超小型カプセル内視鏡」開発物語　丸山次郎
　　　　　　　　　　　　　　　　　　　（徳間書店）
電池の使いこなしテクニック　丹羽一夫
　　　　　　　　　　　　　　　（日本放送出版協会）
また、つかぬことをうかがいますが…
　　　　　　　ニュー・サイエンティスト編集部（早川書房）

第1章

活躍於
家裡的電

1-1　停電！

為甚麼會停電呢？

聽到來自遠處隆隆作響的雷聲，瞬間就看到驚人的大閃電，雷似乎就落在不遠的附近。光的速度（1秒繞地球7圈半）比聲音的速度（1秒約340m）快，因此以看到閃電到聽到雷聲的秒數乘音速，即可算出現在地點到打雷地點的距離，連想到以前學過的公式正準備計算時，房間卻突然變成一片漆黑（照片1.1）。

停電！真糟糕。好不容易找到手電筒，心情也比較安定了，但無論如何都沒辦法繼續剛剛的事。

雷與電

提到雷，是以富蘭克林（1706～90年）使用風箏的實驗（1952年）最為有名（照片1.2）。他說明閃電發生電，而提出所謂避雷針的機制。

他把帶有金屬棒的風箏冉冉飛向雷雲，在潮濕的風箏線末端附上金屬後綁在建築物上，當手指靠近金屬時，就會發生啪啪的觸電。他不惜冒著生命危險來確認電，但翌年在俄羅斯有人進行相同實驗卻不幸觸電致死，或許是富蘭克林的運氣比較好吧！現在回想起來，可說是與死神討價還價的危險實驗。

傳導電線的雷擊的電

其實，在寬闊的海岸經常發生雷擊，而且林立著石油槽的貯存基地等，因富蘭克林發明的避雷針得以防止事故的發生。筆者曾前往位於橫濱鶴見的石油公司貯油站參觀，且親眼目睹眼前霹靂霹靂落下的雷紛紛被幾支避雷針吸入。

多數的雷，幾乎都是直接打在高聳的建築物或樹木或地面等的直擊雷。可是，在住宅區的電線桿附近有雷擊時，就有雷的電，經電線傳導進入家庭內的情形。

因雷的影響，在電線上發生急激的電流，稱為電洞（surge）電流，當雷打在高層公寓或大廈的避雷針上時，屋內配線發生電洞，使電

照片1.1　閃電與雷擊的瞬間

壓或電流突然異常上升，致使連接在插座上的電腦或電器製品發生故障。此外，在附近的電線桿上設有把高電壓變成低電壓的桿上變電箱的電氣裝置，但是，也有因雷擊使內部電線熔解而停電的情形。

　　在日本有些地區是把電線埋設在地下，使雷直接打在電線桿上的損害變少，此外，汽車等撞到電線桿的事故也相對變少，也讓街道變成如歐美般整潔（照片1.3）。

照片1.2　手拿風箏的富蘭克林像（2005年愛知博覽會　美國館的富蘭克林展示館）

照片1.3　沒有電線桿或電線的無壓迫感的道路（東京、人形町大道）

1-2　用電過度時…

何謂斷電器呢？

　　遇到停電時，才會深深感受到電的可貴。以打雷以外的原因來說，同時使用許多家電時就會造成停電。不過，在此情形時只有用電過度的自己家才會變成無法使用電。這是因為斷電器關閉所致，筆者是居住在集合住宅，在玄關都設有分電盤，並列好幾個斷電器（照片1.4）。

　　所謂斷電器，是超過和電力公司契約量的電流流動時，就自動停止供電的裝置，也稱為安培斷電器。一般是設置在家庭用分電盤上，也稱為服務斷電器。把家裡的電路區分好幾條（例如各房間），當長期不在家時也扮演開閉各電路開關的角色。

何謂50A

　　在斷電器上有「50A」的大字標示。50A是讀成50安培，表示電流大小的單位，數字越大，表示和電力公司契約的電量越大。通常，輸送到家庭（公司、工廠）的電，是依使用用途的大小和電力公司簽訂多大電量的契約而定。契約的種類，例如有10A、15A、20A、30A、40A、50A、60A（契約種別為從量電燈B的情形），各個的基本費都不一樣。

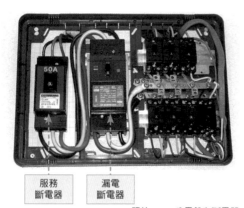

服務　　漏電
斷電器　　斷電器

照片1.4　分電盤和斷電器

照片1.5　安裝在各家庭的
累積電力計

電表的意義

　各家庭都有安裝測定使用電量的表。累積計算所消費的電力，因此也稱為累積電力計（照片1.5）。電力的單位是W（瓦），但電表上標示的數值意味，只要觀看電力公司發行的「用電量繳費單」（照片1.6）即可了解。使用量的單位是以kWh（讀成千瓦・時）列印出來。（照片1.6的①）

　所謂kW就是千瓦，千是指1000倍。最後的h是指時間（hour），表示所消費的電力時間累積值。例如，持續消費1kW 10小時時，就是$1 \times 10 = 10$kWh的使用量。

配合燃料費的變動，每3個月自動調整費用的制度（東京電力的情形）。

以上個月的驗針日到本月驗針日的前一日為一個月。

從量電燈A：5A、從量電燈B：一般家庭使用的契約有10～60A，從量電燈C：6kVA（千伏特安培）以上50 kVA未滿。其他也有「時段別電燈」等各種的形態。

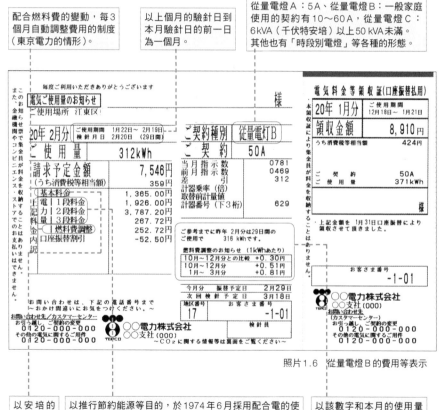

照片1.6　從量電燈B的費用等表示

以安培的大小決定。

以推行節約能源等目的，於1974年6月採用配合電的使用量，在電費單價上設置段差，分成3階段計算。1段是最初的120kWh內的費用（每1kWh16.05日圓），2段是超過120kWh到300kWh的費用（每1kWh21.04日圓），3段是超過300kWh的費用（每1kWh22.31日圓）（東京電力的情形）。所謂3階段費用制度，是配合電的使用量在電費單價上設置〝差別〞的制度。

以該數字和本月的使用量比較，對家庭節約能源極有裨益。

（此為日本使用的電費單，僅供讀者參考與比較。實際項目，請對照台灣電力公司寄送的電費單。）

1-3　透過復舊程序了解電

無法使用電話

因打雷的被害突然停電時，電話變成不能使用，也非常擔心冰箱而顯得慌亂無措。在集合住宅也會有全體的斷電器發生作用的情形，但是，停電時首先要檢查的是戶別的斷電器。

分電盤的服務斷電器，在用電量超過契約電量時會自動停電。如果這項沒有起作用，或許在它旁邊的漏電斷電器會起作用也不一定。

漏電斷電器，是在電力機器或電線的絕緣狀態變成不良，發生漏電時就會起作用。2 條電線的電流，正常時彼此是反方向大小相同，但是，漏電時就會出現大小差異，漏電斷電器就是驗出這情形。可是，住家附近出現打雷，使屋內的長配線發生強大的電，導致電流的大小有差異，此時漏電斷電器就起作用。

所發生的電，例如透過電話線連接的電腦，從電源電纜經過漏電斷電器，最後是到達地線（地面）。除此以外從有線電視的電纜到電視、電源電纜、漏電斷電器的線路等，在屋內有許許多多電的通路。

漏電斷電器關閉時，只要打開開關就恢復供電。可是，電話似乎還是無法使用。拿起聽筒還有聲音，因此話機本身應該沒有壞。檢查其

照片1.7　最新電話機和600號電話機（右）

前方，發現似乎是分開電腦和電話的裝置壞了。的確，記得幾年前在家電量販店購買自己安裝，但沒有預備機。

此時，想到以前老舊的電話機（照片1.7（右））在停電照樣可以使用。通信線沒有不通，位於電話線內的電源線應該還在運作。

終於想到了，在聽到打雷時，不僅要立即拔下電源插座，也要拔下連接屋外的電纜類，才不會發生如此令人喪氣的情形。

電腦的弱點

於是，前往電氣販售店調查有關電氣產品對打雷對策。詢問詳知情形的店員，據他表示採取充分對策的產品為數不多。最近的電氣產品馬上就能換購，因此被雷打中機率似乎很低。

最後，店員建議購買附有雷電洞功能的電源接頭（照片1.8）。記載的優點是「吸收雷電洞及電源線電洞以保護連接機器」。此外，有關雷電洞，有所謂「因打雷所產生的瞬間性高電壓。傳導電源線侵入，破壞連接機器」的說明。

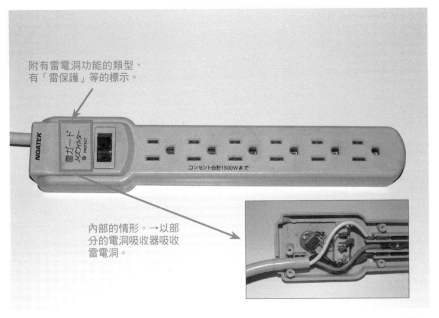

照片1.8　附有雷電洞功能的電源（桌型）接頭及其內部

「雷電洞功能」，是使用所謂避震器或變阻器的零件。避震器是陶瓷器製的，可吸收雷電洞降低電壓。

此外，變阻器（照片1.9）也是吸收雷電洞的零件，在這些零件的兩端發生雷電洞的高電壓時，電阻急劇增高，使電流不易流通，降低到固定的電壓。

除了使用這些零件的方法之外，事先製作使雷電洞通過的線路（稱為繞道線路），使雷電洞流到這裡，再往地線消散的方式。

常說「沒有電源，電腦也只是一個箱子而已」，儘管連接在插座上，但除了雷以外，「電源線電洞（在電源用電線上流動的急劇電流）」也是問題。電腦或網路連接機器等，以高速處理的IT（資訊）機器不只是雷電洞，還有因靜電或電梯的大型馬達等發生的高壓電洞所引起的故障情形。

這些的原因各有不同，但利用高科技的電子機器似乎存在著所謂「不耐雜訊」的宿命。當然，希望開發在本體內部就具有充分對策的產品，但顧及成本，在現實上存在能做到甚麼程度的問題。

因停電緣故而有思考「電的機制」的時間。當然，在深山的煤油燈溫泉靜靜思考也很不錯，但回到現實時，沒有「電」就沒辦法生活。

無法使用時才了解其可貴的「電」，在了解其「機制」後，或許會覺得更有親近感。

照片1.9　吸收「雷電洞」的變阻器一例

　所謂IT，是Information Technology的縮寫，意指資訊技術。

第2章

有嗶嚦感時�⋯ 身邊的電

2-1　靜電的發現

有嗶嚦感時就是靜電

在空氣乾燥的冬天，從汽車下車握著金屬製門把的瞬間有「嗶嚦」感。不禁趕緊離手，這是累積在車內的電轉移到身體所造成的。當身體接觸金屬的瞬間，電從金屬製的門把傳到身體消散到地面，這種電稱為靜電。

此外，也有在黑暗房間脫毛衣時，發出「啪」的聲音，看到火花的情形。這是例如以聚酯材質的內衣和毛衣等不同素材互相摩擦所發生的靜電，也有特別稱為摩擦電的情形。

誰是第一個發現靜電的人，迄今仍無法特定，但傳聞在大約2600年前希臘哲學家泰勒思（紀元前624～546年左右），曾做過用毛皮擦拭琥珀吸引羽毛的實驗。可是，對人來說，摩擦電似乎不是必要的東西，因此其後長久以來都不被人活用。作為電的實驗器具之一，開始使用靜電，是進入1700年代（18世紀）以後的事。

有嗶嚦感時是5,000V

蓄積在身體的靜電強度，以電壓來說可達到幾千V（伏特）。插上電器製品的家庭插座電壓是100V，例如所謂5,000V就是它的50倍大的電壓。所幸靜電的電流非常小，不會有觸電灼傷的情形。

使用牛奶瓶和銀紙（鋁箔），製作量靜電的實驗器具。這是模仿照片2.1驗電器所製作的道具，如圖2.1所示，用絹布摩擦玻璃棒再拿靠近時，位於瓶內的2片鋁箔就會張開。如驗電器上所附的刻度般，張開得越大，表示玻璃棒的靜電量越多。

泰勒思所使用的琥珀，希臘語是elektron，因此有人認為古代人就知道電。可是，將電稱為electron，是邁入近代才了解使用琥珀以外的玻璃等來摩擦時，也能產生靜電之後，英文才稱為electricity。

用布摩擦過的玻璃棒可使鋁箔張開的理由

一開始，位於玻璃棒上的正和負的電荷（物體所帶的電量）大致相同，但使用絹布擦拭時，位於玻璃上的負電荷（稱為電子）移動到絹布上，使玻璃棒上留有更多的正電荷。這情形稱為帶正電，然後把玻璃棒靠近驗電器時，以天板為帶負電、鋁箔為帶正電來思考。2片的鋁箔帶有正電，產生反彈力而張開。

以塑膠製的「梳子」梳理頭髮後，靠近從水龍頭涓流而下的水時，水流就會彎曲。水的分子也和正與負的電荷大致相同（稱為中性），全體平均擴開。同種的電有

照片2.1 驗電器，測靜電的裝置。以刻度可看出二顆小導體球張開的角度（義大利北部科莫湖畔的伏打博物館）

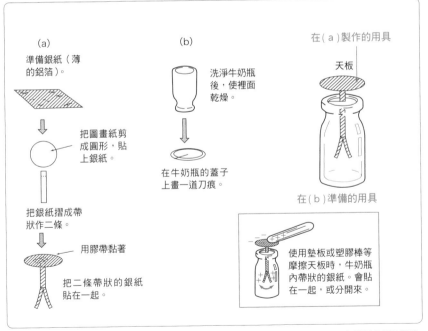

(a)
準備銀紙（薄的鋁箔）。

把圖畫紙剪成圓形，貼上銀紙。

把銀紙摺成帶狀作二條。

用膠帶黏著

把二條帶狀的銀紙貼在一起。

(b)
洗淨牛奶瓶後，使裡面乾燥。

在牛奶瓶的蓋子上畫一道刀痕。

在(a)製作的用具

天板

在(b)準備的用具

使用墊板或塑膠棒等摩擦天板時，牛奶瓶內帶狀的銀紙。會貼在一起，或分開來。

圖2.1 以牛奶瓶和銀紙製作的驗電器

互相反彈、異種的電有互相吸引的性質，因此當帶負電的「梳子」靠近時，接近「梳子」的水流一方出現正電荷，而其反側出現負電荷。

如圖2.2的帶電列所示，塑膠是帶負電，吸引水流帶正電荷的一方，排斥帶負電荷的一方。

將水流的形狀是為圓柱時，接近「梳子」側的是正電荷，反側是同量的負電荷，結果水流就向「梳子」的方向彎曲。如此般在正電荷的反側聚集負電荷的狀態，稱為分極。

帶電列

正側　　　　　　　　　　　　　　　　　　　　　　　　　　　　負側
（＋）玻璃→尼龍→羊毛→絹→人造絲→棉→維尼綸→聚酯→壓克力（－）

其實，發生靜電的是（通常，電不會流動）絕緣物和絕緣物之間才會有。2種類的不同性質互相摩擦時，接近帶電列（＋）的一方是帶正電，接近（－）的一方是帶負電。帶電列上距離越遠的物質間互相摩擦時，帶電量就越多。此外，相同的物質互相摩擦，是不會發生靜電。例如，使用絹布摩擦玻璃棒時，位於玻璃表面的負電荷移動到絹布上，結果玻璃棒上的正電荷變多（帶正電），絹布上的負電荷變多（帶負電）。

圖2.2　帶電列。使用絹布摩擦玻璃棒時

冬天容易發生靜電，是因乾燥使空氣中的水分變少所致。夏天在溽暑之下水分容易蒸發，使身體帶電的靜電消散，濕度變低時，靜電就蓄積在身體。金屬製的門並未直接接觸到地面，但建築物含有水分使靜電易往地面散失。

2-2　使電消散

靜電向何處消散呢？

　　脫毛衣時看到火花，是因蓄積在身體的靜電一口氣消散所致。這種情形稱為火花放電或簡單說是放電。打雷，是蓄積在雲上的靜電放電的現象。夏天打雷較多，是因積雨雲內發生上昇氣流，使形成雲的冰粒激烈摩擦發生靜電所致。

　　其機制，就是雲的上方因空氣摩擦開始累積正電荷，下方是累積負電荷。雲變大，電量也變多。因累積在雲下方的負電荷，大地側便聚集了多量的正電荷。空氣原本是絕緣體，但終究耐不了這種正和負的電位差，以致靠近地上的負電荷向地上的正電荷流竄過來。此時因一口氣流入大量的電流，才形成閃電放電之下發出巨大的聲響。據說，雷的電壓有幾億 V，是脫毛衣時的放電電壓無以比擬的。

　　如此般，放電是因蓄積在雲上的電消散所引起的，但是，應該不會通電的絕緣體空氣，一口氣之下通電了，此時因發生的熱使空氣突然膨脹，振動空氣才會聽到隆隆作響的聲音。

　　脫毛時所引起的放電，也是蓄積的電增加時電壓變高，破壞了所謂空氣的絕緣體，在無法保持絕緣狀態下才發生。

　　靜電以自然現象消散，是指物質上帶電時，正電荷和負電荷各別成為同量消散的電的性質。那麼，雲的負電荷向何處消散呢？就是地面，亦即地球。冰箱等的家電附有地線（英語 earth 是意味地球或地面），但追蹤地線的先端，是到達埋在地面的建築物的基礎部。在此之下，萬一家電累積電時，就靠地線讓電消散。

　　如此般，僅正或負的一方電荷大量累積時，自然界便發生作用使兩者保持等量。在有限的狹小場合，一方的電荷容易累積，而有電壓急劇變高的情形。為了避免家電受損，以地線讓電向地面消散，穩定電

①空氣是絕緣體，但放電是此絕緣受到破壞而通電的現象。除了火花現象之外，還有弧形放電、輝光（glow）放電、電暈（corona）放電。

②雷的發生機制也有不同的論說，但並未完全解明，現在仍持續研究中。

荷的分布狀態。

身邊的靜電用品

　　因汽車的振動，使座位和衣服互相摩擦而發生靜電，但濕度低的冬季，身體很容易累積靜電。於是，為了不發生嗶嚦感的觸電，開發了有助於去除靜電的用品（照片2.2）。

　　先端使用導電性橡膠，在握著本體以先端接觸門把等金屬時，因靜電消散於金屬部分才不致受到觸電的衝擊。有依電壓的大小點亮小燈的類型（上），以及出現液晶黑色圖可看出去除靜電的類型（下）。

　　此外，在加油站設有放電觸板（照片2.3）。這主要是因靜電的放電

照片2.2　去除靜電用品。可看出電壓的類型（上）以及出現液晶黑色圖的類型（下）

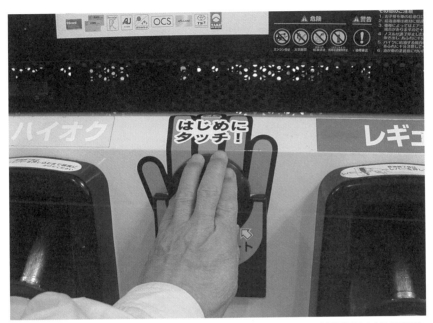

照片2.3 設置在加油站的放電觸板（去除靜電板）

會引起火花點燃揮發的汽油，恐怕會有突然引火導致火災事故而設置的。放電觸板設有地線，具有手觸摸其上使人體的靜電向地面消散的重要作用。

我曾經在煉油廠的入口，目睹油罐車接觸金屬棒的景象。也曾見識為了把蓄積在車體的靜電向地面消散，一面讓從車體垂下的金屬鏈接觸地面，一面放電行駛。可是，發生於油槽內的靜電，在行駛中並不會暴露於外，因此，最近已經看不到有裝置金屬鏈的情形。

有靜電與動電

原本靜電所謂的「靜」，是指正或負電荷靜止的情形。物質中的電荷，通常是即使隨著時間的經過，但依舊不會移動而留在當場。可是，例如看電視時透過電源線從插座移動的電，對照靜電而有稱呼為動電的情形。

靜電是從泰勒斯的古代就知道，但開始使用動電，則是從發明電池的19世紀以後的事。

2-3　蓄電

不可思議的保鮮膜

使用在廚房都會有的包裝用保鮮膜，進行一項小實驗。將保鮮膜覆蓋在裝有吃剩食物的陶器盤上時，馬上就緊密附著。可是，覺得僅用一次就丟實在可惜，於是過了一段時間後再拿來覆蓋，這次就貼不上了。

這是從滾筒撕下時，保鮮膜帶有靜電所致。為了確認，撕下稍大的一塊再拿靠近臉看看。感覺有點癢癢的，這是因保鮮膜的電荷使顏面的體毛豎起所致。各位讀者或許還記得，小時候摩擦賽璐珞墊板，再拿靠近頭髮時，頭髮紛紛豎起的情景。

保鮮膜會緊密貼著的是，陶器或玻璃等的絕緣體。嘗試包覆金屬的容器看看。是否會緊密貼附呢？保鮮膜所發生的電荷會在金屬上放電，致使保鮮膜無法貼附。此外，從滾筒撕下沒有馬上使用，過一下子電荷便消失，也就無法貼附一起了。

貯存靜電

談到這裡，已漸漸了解靜電的性質。摩擦電，是如玻璃或布般不通電的絕緣體間互相摩擦所發生的。在互相摩擦之前，物質長時間被放置著，但此時絕緣體的正電荷和負電荷可能是同量。以互相摩擦使電荷開始移動，結果，正電荷的量變多的情形就是帶正電，反之，就是帶負電。如此般，在不通電的物質絕緣體上，是以中和狀態貯存電荷。

在此須注意的是，帶電的絕緣體能一直保持該狀態。位於自然界的電荷，具有放置就會被中和趨向穩定的性質。如果撕下保鮮膜放置著不用，過一段時間就無法貼附一起，要以原來的狀態貯存靜電是有困難的。

發生摩擦電時，一方物體上所出現的電荷，在另一方會出現同量的相反符號的電荷。以一方的靜電向他方移動來思考。亦即，電荷並非新發生或消滅，可說是僅移動場所而已。如此般，所謂電荷的總量永遠不變的電荷保存法則便成立。所謂保存的用詞，並非如「資料保存」般的意味，而是如保存能源的法則般，以某種現象的前與後的總量沒有變化的意義來使用。

照片2.4　荷蘭萊頓大學在18世紀使用的萊頓瓶

　　無法如自己所想的進行電的實
驗，也和未發明將發生的靜電貯存
下來的裝置有關係。照片2.4是荷
蘭萊頓大學在18世紀使用的萊頓
瓶，在玻璃瓶的內側和外側貼有錫
箔。從位於蓋子附近的金屬球錘下
的鎖，接觸位於內側底部的箔。萊
頓瓶，能在內側和外側的錫箔之
間貯存靜電，因此在發明乾電池之
前，是作為電實驗的電源使用。

　　發生摩擦電的裝置，是以照片
2.5的大型玻璃圓板，手握著握把
大力旋轉。摩擦玻璃般兩面夾有毛

毛皮

照片2.5　發生摩擦電的大型玻璃圓板

皮，成為（→部分）玻璃帶正電、毛皮帶負電的架構。而且，在此發

照片2.6　連接萊頓瓶和發生裝置的實驗裝置全貌

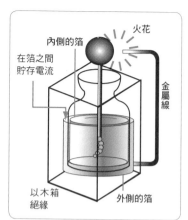

圖2.3　萊頓瓶

生的靜電將傳到金屬棒上。照片2.6是連接這些實驗裝置的全貌，在左側裡面所發生的靜電傳到中央的金屬棒，接觸萊頓瓶的先端而貯存下來。充分貯存後就分離先端，作為在實驗器具上供電的裝置來使用。

金屬與絕緣體

萊頓瓶是裝入木製的箱子裡，這是很重要的事。如圖2.3所示，從金屬球以鎖傳來的靜電到達內側的箔。在此外側的箔被木架絕緣（在此為要點！），因此內側箔上為正電荷、外側箔上的負電荷是以同量貯存。如果沒有木架的絕緣，靜電會通過底傳到地面，而無法貯存下來。如此般，萊頓瓶是組合通電的金屬（導體）和不通電的玻璃或木（絕緣體或絕緣體）的構造。

將萊頓瓶的金屬球與來自外側箔的金屬線延長拉靠近時，就會放電爆出火花。這是貯存多量靜電的實證，德國人赫茲利用這方法在19世紀末就電波的實驗獲得世界第一個成功。

　　　如萊頓瓶般蓄電的裝置，英文是稱為capacitor。在日本，一般是稱為電容器（condenser）。電容器，是頻繁使用於電子機器的重要零件。

2-4　利用靜電的機器

需要靜電的影印機

　　從泰勒斯的古老時代在一開始被認為是妨礙事物處理的靜電，到了現代則被認為是電化製品上不可或缺的物質而不斷被利用。不只是在辦公室，在家庭也很普及的影印機，期構造是如圖 2.4 般。

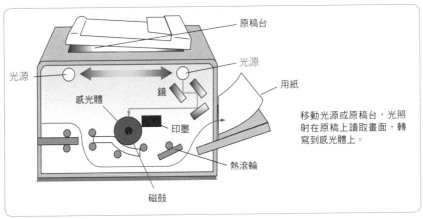

如圖 2.4　影印機的構造

　　按壓複印按鈕時，首先在影印機的內部以強光照射原稿的表面。接著，以光的反射讀取表面的映像，感光在所謂磁鼓的圓筒上。光照射在表面時，成為導體的感光體被塗色，但磁鼓是帶正電，因此，當照

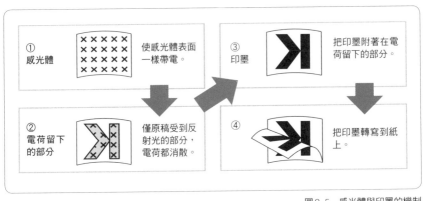

圖 2.5　感光體與印墨的機制

射在原稿白色部分的光反射時，就變成導體。在此正電荷傳到成為導體的部分而把電消散。另一方面，原稿黑色部分不反射光，因此是正電荷留下的狀態。印墨是碳粉和塑膠粉，是帶負電，因此會受到磁鼓表面正電荷的吸引。接著，把印墨轉寫到印刷用的紙上，最後加熱溶解塑膠而在紙面上固定下來（圖2.5）。

最近，彩色影印機也很普及，但機制幾乎和黑白影印機一樣。在讀取彩色原稿時，透過各個顏色的濾鏡，然後依此獲得的形式，附著各個顏色的印墨，即可印刷出和原稿一樣的色彩。此印墨是使用青綠色（C）、黃色（Y）、洋紅色（M）、黑色（K）。

空氣清淨機

空氣清淨機，是去除空氣中的花粉或室內灰塵等的家電製品。其機制有幾種類，但使用靜電的種類似乎是稱為離子式。

所謂離子，是帶電荷的原子或原子的聚集。在細金屬線上加高電壓的電，在其周邊的空氣中製造離子膜，使浮游於附近的花粉或灰塵等帶電。電極是帶與此相反的電荷，因此，在此鋪紙即可集塵。

此外，在電視的顯像管表面，是因電子束而離子化，帶電使空氣中的微粒子附著而變髒的，離子式空氣清淨機可說是與此原理相同。在顯像管內部，以電子束加上高電壓時就會引起放電，但沒有像打雷放電般發出聲響。

可是，在其過程中發生微量的臭氧，影印機也是加上高電壓，而有獨特的氣味。讀者或許聽過森林浴是充滿臭氧，但具有氯約9倍殺菌力等的效果，因此，聽說吸入高濃度的臭氧會對身體帶來不良影響。

顏色的3原色是青綠色（近水藍色的顏色）、黃色、洋紅色（近粉紅色的顏色）的三色，混合這些色素，即可作出所有的顏色。光照射在物體上，能感受到這是來自該物體的特定反射色。重疊顏色，各個顏色的反射成分就減少，等量混合3色就變成黑色（稱為減法混色）。另一方面，光的3原色是紅、綠、藍三種，和顏色的3原色不同。在電視的畫面上有眾多發出紅、綠、藍的光點（像素），重疊各個的光形成各種色彩（稱為加法混色）。

2-5　電粒？

電荷的真相

調查電荷時，有反彈力發生作用的情形和吸引力發生作用的情形，能了解有正電和負電的 2 種類。此外，以小 "粒" 的聚集來思考時，依驗電器的鋁箔張開，可看出其量的差異。但是，真的有所謂電荷的 "粒" 嗎？

電荷的真相原本為何呢？縱然身體帶電，但也無法取出電直接進行調查。於是，自古在有關真相上可說是眾說紛紜。

最近的物理學，了解所有的物質逐漸細分後，最終可達到原子。原子，可謂具有該物質性質的最小東西。

如圖 2.6 所示，原子在中心有原子核，周圍有幾個電子的構造。

原子核是由幾個所謂質子和幾個中子聚集而成，1 個質子是 1.6725×10^{-27} kg 的極小質量。中子是和質子大致相同的質量，但不帶電荷。1 個電子是 9.1094×10^{-31} kg 為更小的質量。

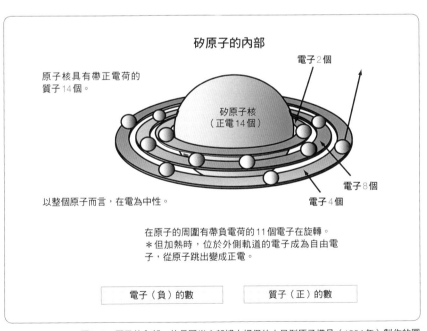

圖2.6　原子的內部。依長岡半太郎博士提倡的土星型原子模具（1904 年）製作的圖

在一般狀態下，原子中的質子數與電子數是相同的，因此，原子核所帶有的正電荷和電子所帶有的負電荷是相等，以整體來看幾乎是不帶電荷。

但是，因摩擦等使外側的電子有幾個跳出時，電子的負電荷作用無法抵銷原子核的正電荷作用，因此就整體而言，留下正電荷的作用。這就是帶正電的狀態。反之，從外面帶來電子的結果，電子變多使負電荷的作用變成優勢，就是帶負電的狀態。

電的真相

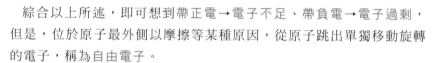

綜合以上所述，即可想到帶正電→電子不足、帶負電→電子過剩，但是，位於原子最外側以摩擦等某種原因，從原子跳出單獨移動旋轉的電子，稱為自由電子。

該自由電子在金屬中移動即可傳電時，就能稱為自由電子是電的真相。

導體與絕緣體

自由電子可移動旋轉的物體，稱為導體。此外，電子被原子核牢牢捉住，沒有電子移動的物體，稱為絕緣體。換言之，就是以容易通電，或容易使電流動的性質，具有多少會移動旋轉的自由電子而定。

如圖2.7所示，在沒有帶電的驗電器上，把用毛皮摩擦的玻璃棒拿靠近看看。可觀察到一開始驗電器的箔是閉著的狀態，當玻璃棒接近金屬板時，2片箔就漸漸張開。

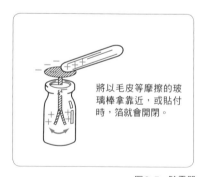

將以毛皮等摩擦的玻璃棒拿靠近，或貼付時，箔就會開閉。

圖2.7　驗電器

①日本的理論物理學家湯川秀樹博士，以預測在質子與中子之間媒介核力產生作用存在介子的功績，於1949年獲得諾貝爾物理獎。

②質量是和重量同樣使用，但所謂質量是物體具有的物質的量。至於重量和質量有別，意味物體產生作用的重力大小。

此時，毛皮帶負電、玻璃棒帶正電，把帶有正電荷的玻璃棒拿靠近時，就如圖2.7所示，在驗電器的金屬板上會出現負電荷。金屬板是連接著金屬棒，在其先端有2片細的金屬箔，離開金屬板（負）時2片箔就出現正電荷。這是因為導體驗電器的自由電子受到玻璃棒正電荷吸引聚集在金屬板上，反側的箔的電子變的不足而出現正電荷所致。

玻璃是絕緣體，因此或許會覺得發生電是很奇妙的事。可是，正因為不通電，才能夠在此留下電。金屬彼此間摩擦時自由電子也會移動，但導體容易通電，使正電荷和負電荷不會偏離。

不過，在1939年發明了顯示通電的導體與不通電的絕緣體正中間性質的物質。這是所謂的一半導體而稱為半導體（照片2.7）。一開始是作為雷達或收音機的零件使用，其後，發明組合半導體的電晶體，1958年將複數的電晶體結合在小型基板內作為一個零件為積體電路（IC）。之後的IC製造技術年年進步，成為電腦或通信機器、家電製品非有不可的重要零件。

照片2.7　組合半導體的各種電晶體

　　具有導體和絕緣體中間性質的物質為半導體，英語是semiconductor。〝semi〞是「一半」或「稍微」的意味。〝conductor〞是導體。在半導體上有鍺或矽，使用這些的電晶體作為增幅或發振等零件來使用。

2-6　測量電力

了解電量的方法

　　想到打雷的被害大小時，不禁令人覺得電似乎具有難以想像的力量。從電燈的明亮度或馬達的旋轉等，也能想像電的量。可是，這只是觀看電所產生的現象而已。

　　於是，回溯到電荷，但也不能一個一個抓來計算，義大利的物理學家伏打（1745～1827年）是採用驗電器箔的張開大小的方法來想像電的量。

庫倫發現的方法

　　如彈簧或橡皮筋般具有復元力的物體（彈性體），其變形量與復元力是成正比。法國技師庫倫（1736～1806年）想到，將胡克於1660年發現的此原理適用在電上。於是，他發明了如圖2.8般的扭秤。

　　在密閉的箱內，將二個帶電的固定球和可動球稍微分開放置。一個是固定在器具上，另一個是附在 B 點的扭鐵絲上。在 A 點上有扭扭的支撐，扭鐵絲會旋轉。原理是將兩方的球以相同符號帶電反彈，以各

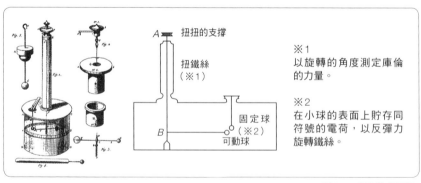

A　扭扭的支撐

扭鐵絲
（※1）

固定球
（※2）

B　可動球

※1
以旋轉的角度測定庫倫的力量。

※2
在小球的表面上貯存同符號的電荷，以反彈力旋轉鐵絲。

圖2.8　庫倫的「扭秤」

由牛頓發現存在於自然界的萬有引力法則，是將萬有引力的大小以 F、物體的質量以M和m、物體間的距離以 r 來表示時，就是 $F = G\frac{Mm}{r^2}$。G是比例定數，萬有引力定數。所謂反平方，就是指和距離的平方成反比。同樣地，庫倫的公式也是反平方法則，但考慮從一個電荷擴大的球體時，隨著距離 r 變大，

種的間隔使用扭扭的量，亦即以反彈力測定電力的機制。

以力為基礎的電量

庫倫是使用扭秤，將電的量與力的關係整理成數學性的理論式。

$$F = k \frac{Q_1 Q_2}{r^2}$$

F：力、Q_1、Q_2：電荷的大小、r：二個帶電體的距離

在「庫倫公式」裡，k 是比例定數，因此表示力和電量是如何成比例。該公式是指電量以所謂「力」明確的量測定出來，但是，將比例定數 k 設定幾個，電量也會自動決定。此外，電力有正和負，因此 F 在正時是反彈力，在負時是吸引力。

於是，以力為 N（牛頓）、距離為 m（公尺）表示時的 k 為 9×10^9，此時的電量（或電荷）單位稱為 C（庫倫）。所謂 C，就是來自庫倫的姓。

詳知力學的讀者，或許已察覺該公式和牛頓的反平方法則是相同形式。由此了解了電性的力，同時能巧妙套上牛頓的公式。

照片2.8，可能是測定電量的實驗裝置。（上）是使用在摩擦電（靜電）實驗的毛皮和玻璃棒、（左下）是測量靜電量的驗電器、（右下）可能是比較不同材質的靜電量的裝置，但詳細不明。

照片2.8　可測量電量的各種實驗裝置

球體的面積（$4\pi r^2$）是和 r 的平方成比例增加。由於每單位面積的電力強度，是和距離的平方成反比變小，因此能以反平方法則來說明。

2-7　電的味道是離子的味道嗎？

電的味道是酸的嗎？

　　將10日圓硬幣和1日圓硬幣洗淨後，2個重疊放在舌頭上舔舔看（圖2.9）。怎麼樣呢？有甚麼味道呢？排列2個不同種類的金屬，浸泡在通電的溶液裡，此時在這些金屬之間會發生電。

　　在治療牙齒上所使用的所謂汞合金的合金，在接觸金屬的叉子時，牙齒就會出現疼痛。這也是以2種不同的金屬發生電，傳到被治療的神經所致。

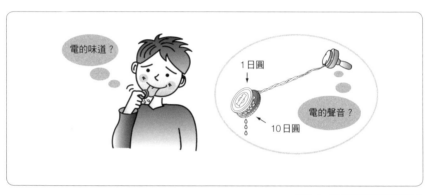

圖2.9　電的味道和電的聲音？

聲音是咯唎咯唎嗎？

　　有簡單確認發生電的方法。如圖2.9般將晶體耳機的電線先端剝開，然後用先前舔的10日圓硬幣和1日圓硬幣摩擦時，會聽到咯唎咯唎的聲音嗎？這是在硬幣之間所發生的電使晶體耳機產生振動時的聲音。

　　日本在國中理科所教的「離子」，因「寬裕教育」（2002年度開始）移到高中的學習內容，但2007年決定又回到國中理科的方針。

味道的真相是離子嗎？

舔金屬有味道，是和形成金屬的無數原子有關係。原子核的正電荷和旋轉於其周圍的負電荷是同量，因此以整體來說，沒有正電也沒有負電，變成中性。可是，帶負電荷的電子跳出時，以整個原子來說，就變成帶有正電荷。

此外，自由電子從外部跳入電子時，以原子整體來說，就變成帶有負電荷。

如此般，帶正電或負電的原子稱為離子，原子聚集的分子，也有如原子般變成離子的東西（圖2.10）。

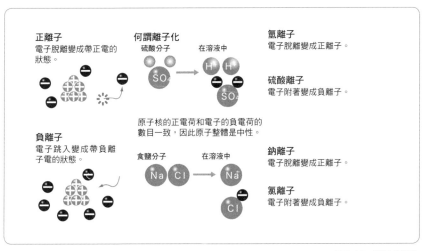

正離子
電子脫離變成帶正電的狀態。

何謂離子化
硫酸分子　　在溶液中
SO₄　→　H H　SO₄

氫離子
電子脫離變成正離子。

硫酸離子
電子附著變成負離子。

原子核的正電荷和電子的負電荷的數目一致，因此原子整體是中性。

負離子
電子跳入變成帶負離子電的狀態。

食鹽分子　　在溶液中
Na Cl　→　Na Cl

鈉離子
電子脫離變成正離子。

氯離子
電子附著變成負離子。

圖2.10　離子的發生

何謂電解液

或許各位讀者們在理科或化學科上學過「離子化傾向」。這是指金屬即將變成正離子的性質，金屬浸泡在含有金屬離子的溶液時，就被氧化發生電子的反應。而且，其大小序列就是離子化列。

金屬原子，在普通狀態下並不能像自由電子般移動旋轉。可是，例如把金屬放入稀硫酸溶液時，金屬的原子以正離子溶出於溶液中。含有離子的溶液容易通電，因此稱為電解液。

含鹽分的溶液，也可以讓金屬離子化。進餐後的唾液，會變成含有少量鹽分或薄酸的液體，剛好扮演電解液的任務。於是，如圖2.9般，將10日圓硬幣和1日圓硬幣2個重疊舔舔看時，在位於其縫間的唾液裡會溶出離子，而這些會讓舌頭細胞的外面和裡面的離子濃度產生變化。而且，這些濃度的差異變大時，就會發生電傳到神經使腦感受到酸和苦。

利用離子來處理金屬表面——電鍍

如圖2.11般，將二個電極放入硫酸銅溶液內，再連接電池時，在連接負側的金屬表面上會有附著銅的情形。這是鍍銅的機制，電解液中的銅離子是正的，從負極接受電子時，就變成銅分子，結果負極的金屬就被鍍上了。

此外，眼鏡框的電鍍作業，是和圖2.11相同的機制。在溶解想電鍍上之物質的金或鈀等水溶液（鍍液）裡，放入作為負極的眼鏡框。此時，鍍液中的金屬（正離子）從負極取得電子附著在眼鏡框的表面，形成金屬膜。在實際作業時，在施鍍之前要洗淨去除油分，把粗胚鍍過幾次，最後再進行修飾的電鍍，如此必須經過繁多的工程。

此外，工業用鋼板的鍍鋅，是捲在滾筒的原板邊伸展慢慢移動邊洗淨表面，在通過電鍍槽當中便鍍上表面，再作表面加工、切斷，變成大規模的製造工程。

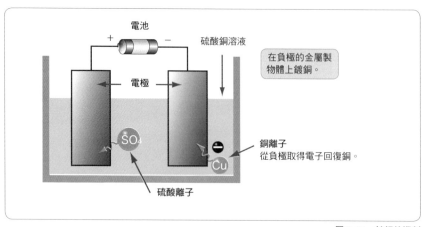

圖2.11 鍍銅的機制

2-8

日本江戶時代的電

百人通電遊戲

　　所謂百人通電遊戲，是如圖2.12般100人手牽手形成一個圈，然後對全部的人通電的遊戲（實驗？）。

　　大家確實手牽著手，不接觸其他的金屬等。在手工製作的萊頓瓶內蓄電之後，讓其中一人確實握著外側的箔，旁邊另一人接觸金屬板。

　　在其瞬間，全部的人都發生嗶嚦觸電感，但電量小不會危險。只不過，心臟較弱的人最好不要參加。

100人都觸電

金屬板

箔

手工做的「萊頓瓶」

圖2.12　百人通電遊戲。一人握著手工做的「萊頓瓶」的外側，依序手牽手著形成圓圈，最後一人以沒有牽手的那隻手觸摸「萊頓瓶」的金屬板時，全部人員就嗶嚦感受到電

平賀源內的電箱

　　日本江戶時代的科學家平賀源內，是明和7年（1770年）第二次

　　平賀源內（享保13年（1728年）～安永8年（1779年））。

　　江戶時代的本草學家、荷蘭學家、作家、發明家、畫家。幼小時期就精於掛軸的細工，製作會變紅的「神酒天神」。從13歲在藩醫之下學習本草學。被譽為日本史上罕見的奇才。所謂本草學，是以中國古來的植物為中心的藥物學。日本是在平安時代傳入，在江戶時代迎接全盛期，從把中國的藥物變成日本的研究，一路發展到博物學（植物、動物、礦物）、物產學。

照片2.9 位於東京・江東區的平賀源內進行電
箱研究之地所建的紀念碑

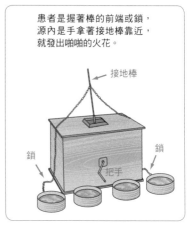

患者是握著棒的前端或鎖，
源內是手拿著接地棒靠近，
就發出啪啪的火花。

接地棒

鎖　　　　　　　　　　鎖

把手

圖2.13 平賀源內復元的電箱國產1號機

前往長崎遊學。此時，有位通譯的人向荷蘭人購得稱為電箱的道具，
因損壞而轉讓給他，他就帶回江戶。當時的荷蘭，是把電箱作為醫療
器具展示品來使用，但嗜好機關裝置的源內，因欠缺電的知識，直到7
年後才把那個損壞的電箱道具成功復元（照片2.9）。

　　此外，圖2.13是他復元的電箱國產1號機。本體是長23cm、寬
36cm、高23cm的杉板製箱子，轉動位於前面的手把時，裡面的玻璃
圓筒和皮革製的枕，在相反方向互相摩擦之下發生摩擦電。在兩側垂
下的鎖，似乎是為了用手握著讓靜電傳到人體所準備的，或許就是以
此實際演練「百人通電遊戲」吧。

　　平賀源內，在日本首次讓人們了解到所謂的電。電箱是靠手旋轉玻
璃圓筒，把和銀紙摩擦發生的靜電貯存在位於箱內的萊頓瓶的裝置。
從木箱或手動的機制，讓人想到當時的「機關裝置」，但是，電箱是那
時代最先端的電貯存裝置。

佐久間象山（文化8年（1811年）～元治元年（1864年））
　　江戶時代的兵學家、思想家。培育吉田松陰、坂本龍馬、勝海舟、河合繼之
助等卓越的弟子。作為科學家，在弘化元年（1844年）依據荷蘭的百科全書
製造玻璃為開始，也製作磁鐵、溫度計、照像機、望遠鏡等。

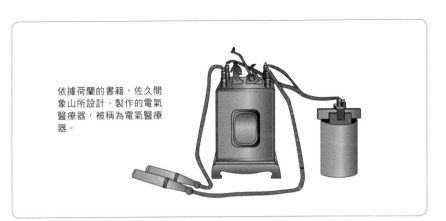

依據荷蘭的書籍，佐久間象山所設計、製作的電氣醫療器，被稱為電氣醫療器。

圖2.14 佐久間象山的電氣醫療器

佐久間象山的電氣醫療器

電箱，不僅在荷蘭，在日本也作為醫療器具使用。佐久間象山，是透過荷蘭人方・迪耳・貝爾戈著作的理學書學習電，在嘉永2年（1849年）自己製作電信機（稱為Telegraph），通信的實驗獲得成功。

因學習荷蘭學而對醫學也有興趣，製作電氣醫療器來治療求診的人。圖2.14是沒有把手的電箱。電源是使用稱為濕式電池發電方式，我想這和伏打電池是相同的機制。

文政5年（1822年），霍亂從長崎的出島侵入，其後也流行過幾次。電氣醫療器似乎在霍亂的治療上頗見效果，當時的日本人，或許將不可思議的電箱視為「妖術」也不一定。

電氣治療是世界性的流行

位於電的黎明期的19世紀，認為電對身體有益的人漸增，似乎在世界各國紛紛製作了各種的電氣醫療器。

自明治新政府決議引進德國醫學之後，陸續引進在西洋醫學上使用的新醫療器。在此時期的型錄上，可看到所謂「伽伐尼電氣機」的文字，這好像是取自當時義大利科學家伽伐尼（參照2-9項）的名稱。

此外，以磁氣進行的治療，是以靜電進行治療形成熱潮之前就有的治療法，這是先讓患者飲用含鐵質的藥，再把磁鐵拿靠進身體各處來進行治療。

2-9　動物電

伽伐尼的實驗

18世紀的後半，電鰻或電鯰等動物體內的電受到注目。在義大利波羅尼亞大學教授解剖學的醫師路易吉・伽伐尼（1737～1798年），也針對有關電對神經的感受性進行研究。圖2.15是使用青蛙腳的神經和肌肉進行的實驗（1791年）為有名。

當時，認為動物的神經上流通著「動物電」。他在青蛙的實驗中，把暴露脊髓和腳神經的青蛙放在金屬板上，然後以另外的金屬棒刺激脊髓或神經時，青蛙的腳會引起痙攣，因此認為動物電獲得證明。實際上，就是發現以不同的金屬和電解液所發生的電流，但是，當時的人認為這是獨特的動物電，於是命名為伽伐尼電流。

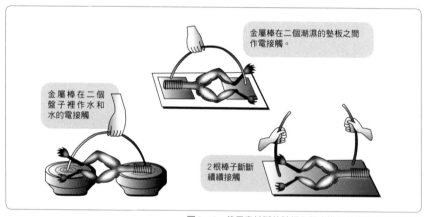

金屬棒在二個潮濕的墊板之間作電接觸。

金屬棒在二個盤子裡作水和水的電接觸

2根棒子斷斷續續接觸

圖2.15　使用青蛙腳的神經和肌肉進行的實驗（1791年）

連接伏打的青蛙實驗

在義大利北部的科摩高中物理老師亞歷山德羅・伏打（1745～1827

富朗基・梅思梅耳（1734～1815年），認為磁力的流動可左右人的健康，將此稱為動物磁力，將磁石抵在身體上進行治療。磁力療法，原本在古代羅馬即有施行，在16世紀復活後由梅思梅耳再度捲起熱潮。

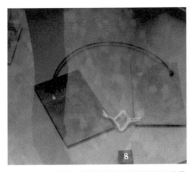

照片2.10　伏打追蹤試驗青蛙腳的實驗道具
（位於義大利北部科摩湖畔的伏打博物館）

照片2.11　伏打電堆（□部分）（位於義大利北部科摩湖畔的伏打博物館）

年），對伽伐尼的實驗很有興趣，就其結果進行研究（照片2.10）。某日，他把金幣和銀幣放在舌頭上再連接鐵絲時，感覺到有鹹鹹的味道，於是發現電不只是對神經，也會產生出感覺。伏打表示，如伽伐尼般對肌肉給予電的刺激就會收縮，但進一步察覺到，重要的是所謂金和銀的2種類金屬間互相接觸，再以鐵絲連接的情形。

其後，了解和動物「伽伐尼電流」的關係並非本質性的，重要的是不同金屬的接觸，製作了為現在電池始祖的「伏打電堆（照片2.11）」，這是在銅板和鋅板之間夾著浸泡過鹽水的紙重疊累積成的。

在電鰻（照片2.12）上給予刺激變成興奮狀態時，作為發電器官的細胞膜的性質就會發生變化，電壓變成比細胞的外側高時就會發生電壓。其細胞有規則如電池的串聯連接般排列，頭部為正極、尾巴先端變成負極，發生$500\sim800\,V$的電壓。電鰻會反覆進行脈衝狀的發電以電擊捕捉小魚，或者保護自身，但電鯰或電鱝等則是發電魚當中能發出最強電力的種類。雖有鰻的的名稱，其實並非鰻的種類。

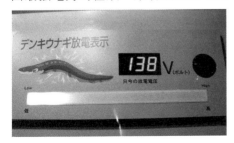

照片2.12　電鰻（品川水族館）

腦內的電

　筆者曾經被人丟擲石頭命中頭部，在醫院測腦波的不快經驗。該測定器，是在類似橄欖球頭盔的帽子上設置如圖釘般的眾多電極。

　腦波，是以頭皮測定人或動物的腦內產生的電位（電壓）變化。在頭皮上，會發生數 μV（微伏特）到數百 μV 的極小電壓。發生腦波的機制並未完全解明，但了解波形的特長會依疾病的種類而異，於是使用在腦的診斷上。腦波會發生在頭皮的各部位，因此使用計測的元件有20個左右。以這些元件的電極所獲得的電位微弱，因此增幅所獲得的電來記錄波形。

心電圖與電

　接受健康檢查時，都會作心電圖（照片2.13）。這是把電極貼在胸或手腳等，把心臟的電性活動作為電流或電壓的變化記錄下來，再以圖表表示，對心臟疾病的診斷極有裨益。

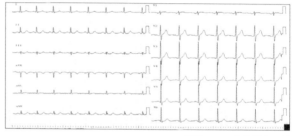

照片2.13　心電圖之一例

人味與電

　以「伽伐尼電流」的發現為契機，發明伏打電堆，使複雜的電實驗一口氣大步前進。逐漸了解電在腦以及人體的活動上是不可或缺的。在了解其機制之前耗費了非常長久的時間，但在此之前的人類，是非常厭惡嗶嚦響的靜電觸電。可是，如果沒有電就不會出現這種感情。

動物的腦，會發生各種頻率的電振動。例如 α 波是8～13Hz、β 波是14～30Hz。睡眠的深度，是依腦波的頻率等來分類。

第3章

電有直流電
和交流電

3-1 直流電和交流電

水流和電流

　　例如，電子字典以乾電池即可啟動，但是，持續使用時電流就慢慢變弱，終於無法再使用電子字典。如此般，從電池持續流動一定大小的電是很重要的，這種電就稱為直流電。

　　在電池所形成的自由電子，透過金屬的配線到達電子字典的線路，而自由電子可以在導體移動以至通電。亦即，擔綱的是自由電子。可是，如果電只在一瞬間流通就不太有益處了。必須讓電經常流動著，因此如乾電池般的電源就成為必要的。

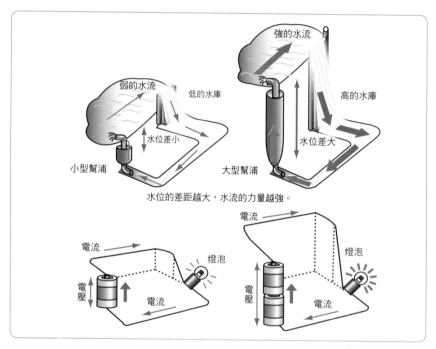

圖3.1　水流與電流

　　輸送到家庭或工廠的電，是以直流電和交流電的哪一種較為適當呢？愛迪生與愛迪生電燈公司的電氣技師之間，對此引起論爭，最後是選用特拉斯所主張的交流電，在1890年代交流電開始廣泛使用。

以水流來比喻這情形。圖3.1所示,是從水庫流洩的水經過河川的流動,再次被幫浦汲取循環。水是從水位的高處往低處流動,電流亦如圖3.1般從電壓的高處往低處流。此外,水位的差距越大,水流的力量就越強,至於電壓的差距越大,電流的力量也隨之變大。稱為大電流。此外,電壓也像水位一樣稱為電位,而電位的差異就稱為電位差。彙整以上所述,就是水位差=電壓(電位差)、幫浦=電池、水流=電流、水庫=燈泡(電阻)。

電流的方向

如使用在電子字典的乾電池或手機的充電電池般,正極和負極固定的電源稱為直流電源。在此所謂的直流電,就是電流經常向著一定方向流動的電,也稱為DC(Direct Current)。汽車的電池或太陽電池等,也是直流電源。

交流電的電流方向會變化

汽車引擎的活塞,把上下來回的活動變成柔滑的旋轉運動。以慢速拍攝該運動時,從開始以後慢慢增加速度到最上面的瞬間,接著是向反方向活動到最下面,有規則地反覆上下運動以保持一定的旋轉速度。

來到家庭插座上的電,其實是和電池般一定的直流不同,如同汽車引擎的活塞動作般,電流的方向和大小是隨著時間而變化。這稱為交流電。此外,交流電的英文是稱為AC(Alternating Current)。圖3.2和照片3.1,是表示交流電的時間變化,但因正側的變化與負側的變化對稱,而了解在週期上正與負是反轉。

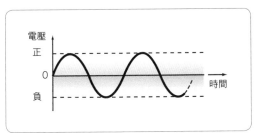

圖3.2　交流電的時間變化
電流的方向和大小,在週期上發生變化的電稱為交流電

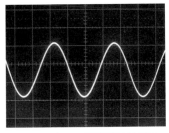

照片3.1　使用示波器觀測交流電壓。
變成正弦波

為甚麼家庭用電是交流電呢？

來到家庭插座的電，是以火力或水力的發電傳送過來的。為甚麼是交流電呢？這是和發電的歷史有關係。使用直流電抑是交流電的意見分歧，最後決定使用交流電或許就是真相。直流電源，是把正和負相反連接就無法啟動電能產品。依情形，或許也有損壞機器本身而無法啟動的情形。可是，交流電源的情形，是不需顧慮正和負就直接插在插座上乃為優點。

插座與地線

在出國旅行地的飯店，可看到各種形狀的插座。日本的插座是二個洞的，但也有三個洞的插座。電是無論直流電或交流電，只要是二個洞的就能使用。剩下的一個洞，其實是接地線，這主要是為了如果因某種原因造成電能製品的絕緣變差，使電漏流到其他地方而引起漏電時，即可將電流通到地面。

日本的家庭用插座，仔細看看即知，左側的洞稍微長了一點。實際追蹤左側洞的配電線，最後可看到是連接在地面上。這稱為接地線，因連接到地面，所以萬一觸摸到也不會觸電。可是，右側稍短的洞，因加了電壓，只要手指觸到就會觸電（照片3.2、圖3.3）。這是因人體或地板、地面含有水分而容易通電，成為電的通路所致。

照片3.2　家庭用的插座。左側的洞比右側的稍長

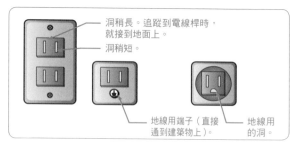

洞稍長。追蹤到電線桿時，就接到地面上。
洞稍短。
地線用端子（直接通到建築物上）。
地線用的洞。

圖3.3　插座和地線

國外的電源電壓，例如美國是單相115V或230V（60Hz），中國是單相220V（50Hz）等各有不同，出國旅行攜帶電能製品時就必須注意。插座的形狀幾乎和日本的都不一樣，因此需要海外用變壓器或變換用插座的情形多。筆記型電腦的AC（交流電）電源接頭，是以能變換電壓的類型居多，但還是需要變換插座形狀的插頭。

3-2　# 電的速度

電子的速度與電的速度

在電上電流之所以能夠流動，是因自由電子的移動所致，而那時候的速度究竟如何呢？如圖 3.4 般，用金屬線（稱為導線）連接小燈泡和乾電池時，放大導線的內部，可看到金屬原子周圍的自由電子在移動。

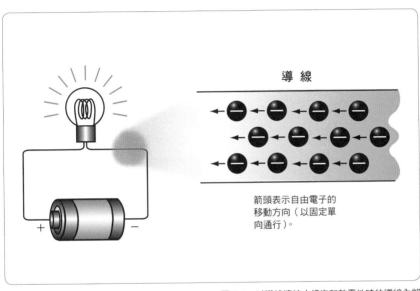

導線

箭頭表示自由電子的
移動方向（以固定單
向通行）。

圖 3.4　以導線連接小燈泡和乾電池時的導線內部

因連接乾電池的瞬間就點亮小燈泡，或許就會認為導線內的每一個電子在一瞬間移動到燈泡上。可是，導體內充滿電子，因此並非 1 個的電子立即到達燈泡。從電池新進入導線的電子，以水槍的原理把位於導線內原本就有的電子向旁邊的旁邊推出般，看起來就像是在一瞬

　個別電子的移動比人的步行還慢，但打開電源開關的瞬間，燈泡就亮了。這就像「洋菜」一樣，一推「資訊」在瞬間就傳到先端。如此般，「資訊」在導線內以光速傳遞，使電話可立即通話。

間內移動到燈泡上。

電子在導線內開始移動時就加速提高速度，但立即與金屬內的原子衝撞。亦即，開始加速時就立即重新奔跑，因此反覆跑跑停停，1個1個的電子，實際上移動的速度比人的步行還慢。例如，在銀的導線1cm上加1V的電壓時，移動的電子速度，計算出是1秒間約67cm。

電子的方向與電流的方向

電有正與負的2種類，是自古即知的。進入19世紀以後，英國的物理學家麥可・法拉第，道出電是從正流向負。他是第一個發現各種有關電的人，因此多數的科學家都遵從他的概念。

可是，其後研究更加進展時，了解了所謂電是電子的移動。而且，電子的移動方向並非從正到負，而是從負到正。

電流是因電子在導線內移動而流動，因此電流的方向可以說是和電子的方向相同。可是，在乾電池和小燈泡的教學上，仍然如法拉第所決定的那樣，教導電流的方向是從正極導線→小燈泡→導線，然後到負極。這是電子和電流的方向雖是相反，但在教學方便上完全沒有問題，因此到今日仍然受到法拉第的影響，完全沒有改變直到現在。

如何思考交流電呢？

交流電，是電流的方向和大小會隨著時間而有變化，但時間慢慢變化時，以及短時間內有很多的次數變化時，會有怎樣的不同呢？

圖3.5，是把電子的移動隨著時間的經過以正常的一張一張方式來看，但時間慢慢變化時，便認為是以慢速來看。此外，在短時間發生變化時，就認為是以快轉來看，但電子向右向左交互移動的「交流」意思，其本質並沒有改變。

於是，以更接近身邊的例子檢查看看。來到家庭插座的電，是1秒間變化50次或60次的交流電，因此想成是時間更緩慢變化的慢速。此外，在手機的天線上流動的電流，是1秒間變化近10億次，因此想成是高速的快轉，在各個時間上的變化有極大不同。此時的電子移動方向，會因場所而有不同嗎？

現在，把時間停下來觀測看看。家庭插座的電流方向，是慢慢變

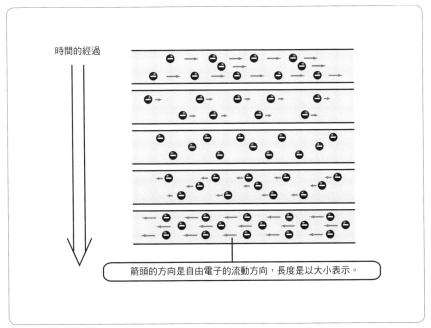

時間的經過

箭頭的方向是自由電子的流動方向，長度是以大小表示。

圖3.5 交流電情形的導線內部

化，但時間停止時，若遠處的發電廠的電子向右方向移動，那麼，家庭的插座也一樣向右。

另一方面，例如在手機天線流動的電流方向，1秒間變化10億次。於是，一樣把時間停止下來觀測時，形成通話的電子訊號有的場所電子的移動是向右，但由此轉向天線的途中，有變成向左到達天線的情形。

如此般慢慢變化的交流電，是在遠處的場所一樣可以使電流變成反方向。另一方面，極快速變化的交流電，該場所是在附近。而且，交流電也被認為是推出電子之下電流才流動，因此電的傳遞速度並非1個電子移動的緩慢速度，而是在瞬間使電流流動。

沿著長導線觀測交流電，電流的方向是以交錯的狀態變化，仔細想想會覺得非常不可思議。

3-3 使用電池的實驗

何謂乾電池的電壓

　　乾電池有如照片3.3的種類，無論哪一種都記載1.5V。只不過，最右邊的四角形電池是稱為層組電池，電壓是9V。所謂層組電池，是為了實現高電壓的輸出力，組合數個電池所製造的電池，以前是使用在照片攝影用的閃光燈或頻閃觀測器上，除了006P型之外，現在幾乎都不使用了。V是電壓的單位，讀成伏特。

照片3.3　乾電池的種類　左起1號、2號、3號、4號、5號以及006P型層組電池

　　圖3.6（a）是導線內的自由電子想移動到任何的方向，因此電流不會流動到小燈泡。為了使電流能流動到小燈泡，必須如圖3.6（b）

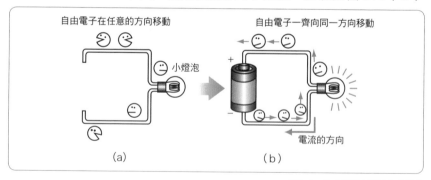

圖3.6　自由電子在導線內的移動

般，讓自由電子一齊向同一方向移動。如此般，為了讓電流向同一方向流動，必須從外加上稱為電壓的壓力。所謂電壓是指電位的差距，和水位的差距對比來看就容易了解。

　為了讓水能夠持續流動，必須經常以幫浦汲水，以形成水位的差距。電也是為了能夠持續流動，必須使用電池作為電壓。在電池的內部有發生電壓的機制，此力稱為起電力。

　但是，鎳鎘電池或鎳氫電池等能反覆充電的電池，是記載 1.2 V。外形大小是和照片 3.3 的錳電池或鹼性電池一樣，但只要有 1.5 V 即可直接代用，很方便。可是，依充電所使用的電極材料（鎳鎘電池，正極是氫氧化鎳、負極是鎘），發生的起電力就變成 1.2 V，因此依使用的電能機器有起電力不足的情形，須注意。

電池的串聯連接

　如圖 3.7（a）般的電池連接法，稱為串聯連接。小燈泡是以電池的起電力點亮，因此增加串聯連接的電池個數，電壓也隨之增加變的更亮。若是相同的燈泡，電壓變高時流動的電流也隨之變大。

　電池的串聯連接，是如圖 3.7（b）般電池一齊合力連接般，所有的力量都加在一起。

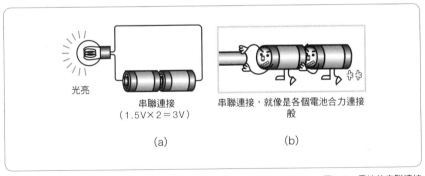

光亮

串聯連接
（1.5V×2＝3V）

(a)

串聯連接，就像是各個電池合力連接般

(b)

圖3.7　電池的串聯連接

電池的並聯連接

　　如圖3.8（a）般的電池連接法，稱為並聯連接。此時，電壓不變，因此燈泡的亮度是和1個電池時一樣。

　　電池的並聯連接，是如圖3.8（b）般連接的是1個電池，其餘的電池似乎是在一旁待命般。可以陸續接替，因此能夠比1個電池更長時間運作。

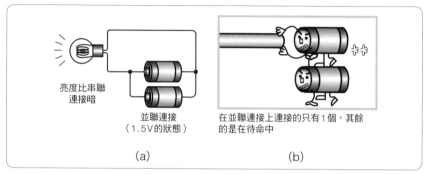

亮度比串聯
連接暗

並聯連接
（1.5V的狀態）

在並聯連接上連接的只有1個，其餘的是在待命中

(a)　　　　　　　　　　(b)

圖3.8　電池的並聯連接

　　此外，以圖3.1所思考的水庫水量作說明時，可以了解水位雖然相同，但水量變成2倍時，即可使用更長時間。這和水庫的水量大小相同，也可以說是電池的容量大小。

　　此外，以串聯連接電池時，是各個電池的出力合併在一起，因此起電力（電壓）是所有的電池之和。電池的內部有所謂的電阻，把n個電池串聯連接時，電阻就變成n倍。另一方面，以並聯連接電池時，起電力不會因個數而有改變。此外，內部的電阻是和並聯的電池個數成反比，內部電阻並沒有那麼大。

　　電池的內部有化學性的能量，因此可認為是和點燃蠟燭一樣。串聯的情形，可獲得合計n支蠟燭的亮度，但燃盡的時間是和1支相同。並聯的情形，亮度是和1支分沒有兩樣，但燃盡時間可以想成是足足n支分的時間。於是，電池並聯連接的機器，是以長時間使用的用途種類居多。

3-4

交流電與頻率

交流電的週期與頻率

交流電,是如圖3.9所示般以一個波形反覆正的山和負的谷。將1次分所需時間以1週期計數,1秒間反覆的週期次數稱為頻率。

家庭用的交流電,1秒間變化50次或60次,於是以50Hz或60Hz的單位來表示。Hz讀成赫茲,以前是以週期的英文Sycle來稱呼。手機的電1秒間變化近10億次,這是10億Hz,0的數字相當多,於是使用輔助單位G(Giga:1×10^9),稱為1GHz(1G赫茲)。

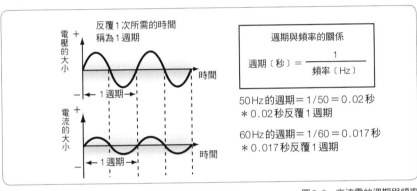

圖3.9 交流電的週期與頻率

家庭用交流電的頻率

在日本,是如圖3.10般分成幾個地區,由各個電力公司供電。來到家庭的交流電,是以日本大約中央部的富士山附近為界,東日本是50Hz,西日本是60Hz,頻率並不相同。雖然電壓相同,但是和頻率有關的電能製品就不能直接使用,很不方便。為何會變成這樣呢?這是因為最初引進發電機的明治時代,東京是使用德國製的50Hz,大阪

頻率的單位是赫茲(Hz),源於德國物理學家海因里希・赫茲(1857~94年),他實證了電磁波的存在,對電磁學的發展有極大貢獻。

赫茲的主要倍量單位如下。1千赫茲(kHz):10^3Hz=1,000Hz 1百萬赫茲(MHz):10^6Hz=1,000,000Hz 十億赫茲(GHz):10^9Hz=1,000,000,000Hz 1兆赫茲(THz):10^{12}Hz=1,000,000,000,000Hz 1千兆赫茲(PHz):10^{15}Hz=1,000,000,000,000,000Hz

使用美國製的60Hz，分別使用不同的發電機所造成。

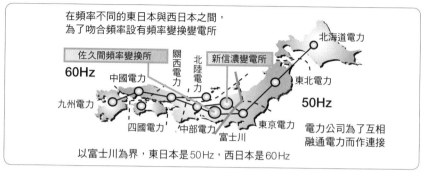

在頻率不同的東日本與西日本之間，
為了吻合頻率設有頻率變換變電所

佐久間頻率變換所　關西電力　北陸電力　新信濃變電所　北海道電力

60Hz　中國電力　　　　　　　　　　　　　　東北電力

九州電力　　　　　　　　　　　　　　　　　50Hz

四國電力　中部電力　東京電力　　電力公司為了互相
　　　　　　富士川　　　　　　　融通電力而作連接

以富士川為界，東日本是50Hz，西日本是60Hz

圖3.8　電池的並聯連接

　　鐵軌的寬度，明治時代是引進窄軌廣泛使用於全國，直到東京奧運會的1964年開通的新幹線才引進寬軌（民營鐵路，使用各種寬度的鐵軌）。

　　如此般的社會性基礎建設，一旦發展就很難變更，因此一開始就考慮未來的問題是很重要的。

交流電的融通

　　夏季因冷氣機等大量使用電，而有發電廠的發電量不足的窘境。以發電機的運作來不及時，也會有從附近有餘裕的發電廠分電供給的情形。這情形稱為融通，例如，50Hz的關東不足時，是無法從富士川的60Hz電力公司直接融通。為此，在兩者之間設了幾座變換頻率設備的頻率變換變電所。

　　頻率變換的機制，例如從60Hz變換為50Hz時，首先要把60Hz的交流電整流為直流電。接著，使用所謂閘流體元件，將直流電的電流方向轉為1秒間50次，便獲得50Hz的波形。可是，實際的裝置是大規模的，必須從平日就準備眾多的設備。因此，到了夏季無不希望工廠、辦公室或家庭都能夠盡力節約用電。

①所謂基礎建設，是指在日常生活上必須的基本設備或機制。
②所謂整流，是指將交流電變換為直流電。

3-5　安定的交流電

安定的交流電

在日本，交流電的頻率是以 50 Hz 或 60 Hz 為安定。電壓也是依規定值的 100 V 或 200 V，這是從發電廠傳送到家庭的設備正確運轉管理所致。

筆者的嗜好是業餘無線電，在過去和國外的無線電台互通信息時，頻率會慢慢錯開。業餘無線電的頻率，例如所謂 7 MHz 般較高，但傳送機是使用家庭用交流電，因此，頻率或電壓一旦不穩定，就困難正確發揮作用。此時經過詢問後，才知道對方國家的電壓容易變化。

眾多的電能製品，是以電源為家庭用交流電能安定供給為前提所設計的，因此，不安定的電源會帶來不良的影響。

使頻率安定的裝置

各位或許聽過變頻空調的用詞。所謂變頻，是指調整電的頻率的裝置（圖 3.11），最近常使用在各種的電能製品上。

變頻，是把交流電變成直流電再回復為交流電。為甚麼要刻意做這樣麻煩的事呢？例如，把空調設定在 25℃ 時，當夏季的室溫變成 25℃ 以下時，電源就自動關閉，不久變成 25℃ 以上時，電源就自動打開，

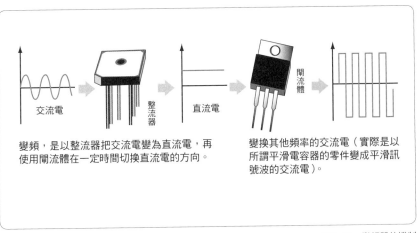

交流電　整流器　直流電　閘流體

變頻，是以整流器把交流電變為直流電，再使用閘流體在一定時間切換直流電的方向。

變換其他頻率的交流電（實際是以所謂平滑電容器的零件變成平滑訊號波的交流電）。

圖 3.11　變頻器的機制

如此般以25℃為界反覆ON/OFF。可是，檢驗設定溫度，當電源在ON或OFF時，實際上室溫是慢慢變化。在此之下，室溫的變動幅度變大，會消耗無意義的電力。

另一方面，即使不把變頻空調的馬達細分為ON/OFF，一樣可以連續調整一定的溫度。使用在空調的馬達，是為了改變旋轉速度而變換電的頻率的機制。例如，希望降低室溫時，逐漸將頻率變高，馬達的旋轉速度就增加而使冷氣變強。室溫是慢慢變化的，因此，配合該變化調整旋轉速度馬達就不會無謂旋轉。在此之下，可抑制消耗電力減少溫度的變動。

此外，變頻日光燈是使用變頻使亮燈頻率變高到數十kHz，即可變成不會一閃一閃的安定的光。

以VVVF變頻行駛的鐵路車輛

在日本鐵路車輛所使用的VVVF（Variable Voltage Variable Frequency：可變電壓可變頻率），就是指可以改變電壓或頻率（照片3.4）之意。

作為鐵路動力使用的馬達，有直流電馬達和交流電馬達。交流電馬達，是以交流電的電流流動來旋轉馬達，把流動於位於旋轉體兩側線圈上的電流方向，配合變化的速度，旋轉體的速度也隨之變化。

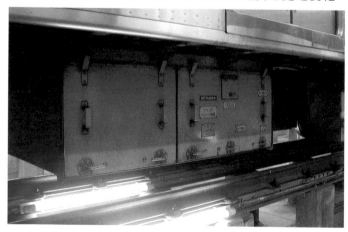

照片3.4　都營三田線車輛所搭載的VVVF變頻

直流電馬達，是必須在旋轉體上附加刷子，但交流電馬達不需要，因此具有不用定期保養刷子的優點。不過，交流電馬達為了控制速度，必須改變電壓或頻率，於是使用變頻裝置配合馬達的旋轉數變換交流電。

　　使用在鐵路車輛上的變頻，是要變成控制以大電力驅動馬達的大規模裝置，因此不容易實現。可是，近年來依據電腦技術或大電力元件的小型化技術，已能製造價廉又具高性能的變頻裝置，因此作為VVVF變頻使用在多數的車輛或電動汽車上。

COLUMN

檢查頻率的方法

　　留聲機，是以電動馬達旋轉轉盤，如果速度產生紊亂，播放的音樂就無法正常。於是，為了確實吻合旋轉速度，在轉盤的周圍可看到黑底的白點或條紋（也稱為頻閃觀測器Stroboscope）（圖3.A）。

　　照明看起來像是連續點亮般，是使用家庭用交流電的頻率（50Hz或60Hz）而閃爍。於是，看起來像是把變閃觀測器的條紋間隔變成配合閃爍時機停止般，以微調整馬達的旋轉速度來吻合旋轉速度。無論50Hz的地區或60Hz的地區，為了可調整為33轉或45轉，條紋合計有4條。

　　以一定間隔連續發光的閃光燈使用在暗處時，會動的東西看起來像是一張一張移動過去的影像。留聲機的頻閃觀測器，是以條紋移動1條的時機以照明能發光1次來決定條紋的條數。

圖3.A　調整留聲機旋轉的頻閃觀測器的條紋圖案

3-6 電的通路

導線是2條線的通路

在乾電池和小燈泡的實驗上，作為電的通路把導線從乾電池接到小燈泡的去路是1條，從小燈泡到乾電池的回路是1條，合計共使用2條。仔細看位於身邊周圍的電能製品的電源線圈時，都是附在一起變成1條，但裡面還是2條線合在一起的。如此般，無論直流電或交流電的通路，抵達目的地的去路和回路都成為一對。以如圖3.12（a）、

（b）般描繪時，即可了解無論直流電或交流電，基本上都分為三個部分。亦即，電源、線路、負荷（燈泡）。

如圖3.12（a）所示，線路內的自由電子是依在電源上所加的電壓一齊向同方向移動。位於途中的負荷（燈泡），是電能變成熱能點亮燈泡。此外，如圖3.12（c）所示，在家庭使用的吹風機、電視、檯燈等家電也作為負荷連接在一起。在此把焦點放在插座上時，由於對線路作並聯連接，因此家庭內的負荷就變成並聯連接。

燈泡，原本是愛迪生發明的，即使到了現在原理幾乎都沒有變。替代燈泡，把吹風機或電風扇的馬達等，各種的東西總稱為負荷。所謂負荷，是具有「驅動機械，實際從事工作的量」的意思。若未連接負荷時，就如圖3.12的插座不連接任何的負荷，因此即使在插座的左右洞上加電壓，也不會發生問題。

可是，如果故意用鐵絲連接左右的洞時，因為沒有負荷，所流動的電流是足以使鐵絲熔解般強大，是非常危險的。這情形稱為短路，配線老化的電能機器中也會引起短路，此時斷電器便發生作用。此外，線路的任務是把電源的電不要無謂的傳到負荷上，這稱為傳送路或傳送線路。於是，將這三個部分綜合稱為電路或單純說是線路。

為了使電從事工作，必須要有負荷，以燈泡燈絲的負荷抗阻發生光或熱。

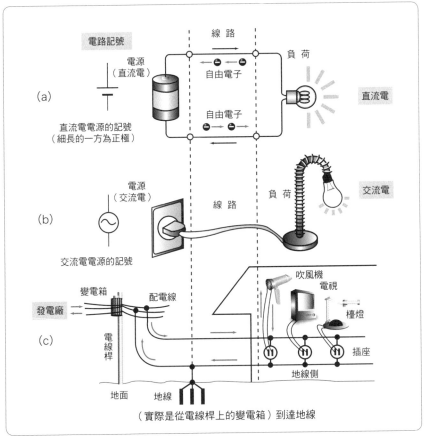

圖3.12　電源、線路、負荷（燈泡）

配線路的種類

　　提到線路，就會想到金屬的細線，除此之外，在圖3.13的實驗上使用鋁箔紙替代線，電一樣會流動。另一方面，電路是如照片3.5般絕緣體的薄板（稱為基板），在上面配幾條銅等薄的傳送用線路。於是，也有稱呼這些為配線路的情形。

　　在照片3.5看不到基板的背面，但整面都是金屬板，稱為大地（ground）。在電路圖上經常可看到所謂GND的記號，這就是Ground（大地）的簡稱，是和地線（接地）同意義。但實際上，並未接觸到大地上，而是想成大型的人工大地。

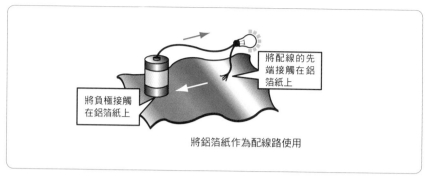

將配線的先端接觸在鋁箔紙上

將負極接觸在鋁箔紙上

將鋁箔紙作為配線路使用

圖3.13　小燈泡和鋁箔紙

照片3.5　電路基板的一例

配線路的種類繁多。2條線必成對發生作用的平行線路，如小燈泡之例一樣就容易了解。另一方面，照片3.5的基板也有幾條配線路。如果用平行線路來拉，那麼在背面也必須準備成對的幾條同數的線。於是，圖3.13的鋁箔紙實驗就有用處了。把暴露在背面的所有線都連接起來變成1片金屬板（大地），麻煩的配線只有表面的一半即可完成。此時在大地上，如表面的配線照著鏡子般流動著反方向的電流，是扮演相反側配線的角色。

此外，大地的導體是板狀，而有稱為Ground Plane（平面）。

那麼，在此檢查電視的顯像器和連接天線的線。在有線電視的插座上，也有連接同樣的線。外觀上是完整的1條電纜，但內部就如圖3.14、照片3.6般。這是把圖3.13實驗上所使用的鋁箔紙，在配線

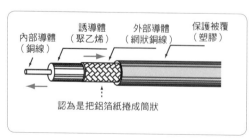

內部導體（銅線）　誘導體（聚乙烯）　外部導體（網狀銅線）　保護被覆（塑膠）

認為是把鋁箔紙捲成筒狀

圖3.14　同軸電纜的內部

照片3.6　同軸電纜的一例

路的周圍捲成筒狀的構造。

　電視顯像器和天線之間必須使用長的配線連接，但是，如果附近有使用較強電力的機器時，該配線會吸入不必要的電（雜訊）。於是，如圖3.14般把大地平面作為網線捲成筒狀，變成雜訊不會進入內部的構造。圖3.15和表3.1是彙整配線路的種類及其用途。

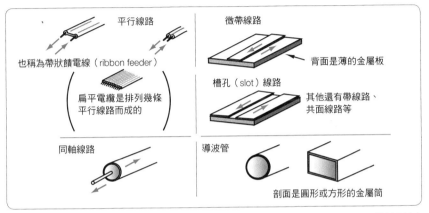

平行線路
也稱為帶狀饋電線（ribbon feeder）
扁平電纜是排列幾條平行線路而成的

微帶線路
背面是薄的金屬板

槽孔（slot）線路
其他還有帶線路、共面線路等

同軸線路

導波管
剖面是圓形或方形的金屬筒

圖3.15　代表性的配線路

平行線路
扁平線，也稱為帶狀饋電線，以前是作為連接電視顯像器和天線的電纜使用。電流在相鄰之間反向流動，但以2條的配線緊密結合，然後排列幾條扁平電纜，也能使用在電腦的配線上。

微帶線路
薄板狀的絕緣體（誘電體）的表面為配線，背面整個是大地平面。配線數增加時就要把配線寬度變窄，但寬1mm以下的配線也多。電視遊戲機，是使用重疊好幾層配線層的多層基板。

槽孔線路
和微帶線路一樣，在薄的絕緣體表面配線，但沒有大地平面，在2片配線板的邊緣流動著電流。也使用在防止汽車衝撞的雷達天線的線路上。

同軸線路和導波管
導波管是中空的金屬筒，和同軸線路一樣，在使用金屬圍繞的筒內把電磁波（電場和磁場變化的波）封入傳遞。主要使用在高頻率的微波或毫米波等。只有這種沒有2條線成對的。

表3.1　代表性配線路的用途

軟性印刷基板

照片3.A是所謂軟性印刷基板（簡稱FPC：Flexible printed circuits），薄的配線板可變形，因此也能使用在手機的液晶板部分。顧名思義，以印刷作配線，但最近不僅作配線，也開發記憶體或IC都可以印刷的印刷電子（Printable electronics）技術。

照片3.A 軟性印刷基板

第 4 章

電的工廠

4-1 檸檬電池

伏打發明的電池

義大利物理學家亞歷山德羅‧伏打（1745～1827年），是依據將金幣和銀幣放在舌頭上的實驗，發明在浸泡過鹽水的厚紙之間可排列幾片銀板和鋅板的所謂「伏打電堆」的電裝置（照片4.1）。將此進一步發展的是，如圖4.1般的「玻璃杯王冠」。在各個容器裝入鹽水或稀釋的酸，以2種類的金屬板成對連接（照片4.2），但為了增加發生的電量而增加杯子的個數。此外，這是和第3章所學的乾電池的串聯連接相同。

由於該裝置的完成，才會發生連續的電流，在其後的各種電實驗的發展上也大有貢獻，但是，為什麼電流可以持續流動呢？以下作詳細調查。

照片4.1　伏打的電堆也被稱為伏打樁，在浸泡過鹽水的紙片之間夾銀圓盤和鋅圓盤的多層構造。由4支玻璃棒支撐著（位於義大利北部科摩湖畔的伏打博物館）

照片4.2　重現「玻璃杯王冠」裝置（位於義大利北部科摩湖畔的伏打博物館）

連接實驗裝置（負荷）

「玻璃杯王冠」，是裝入鹽水或稀釋的酸的一連串容器。在液中有成對的2種類金屬板。

圖4.1　「玻璃杯王冠」的素描

電池的原理是化學反應

伏打發明的電堆或玻璃杯王冠，可說是能夠製造電流的最初始電池。其後，他進一步改良這些裝置，變成能獲得穩定電流的裝置，發明如圖4.2般稱為「伏打電池」的電池。

伏打的電池，是在裝有稀硫酸的容器中，把銅板和鋅板放入分開浸泡（圖4.2（a））。不久，從鋅板溶出鋅離子（正離子），與此同數的電子保留在鋅板上。銅板與鋅板是使用金屬線連接，因此，當鋅板的電子變多時就產生電位差，結果如圖4.2（b）所示，電子就向銅板移動。

另一方面，銅板因移動來的電子而變成帶負電，因此吸引稀硫酸水溶液中的氫離子（正離子）靠近。電子與氫離子變成氫分子而發生氫氣，但溶出的鋅離子（正離子），就和稀硫酸水溶液中的硫酸離子（負離子）附著（圖4.2（c））。

如此般伏打所發明的電池，是利用化學反應發生電。該原理，也應用在今日所使用的錳電池或鹼性電池等各種電池上。

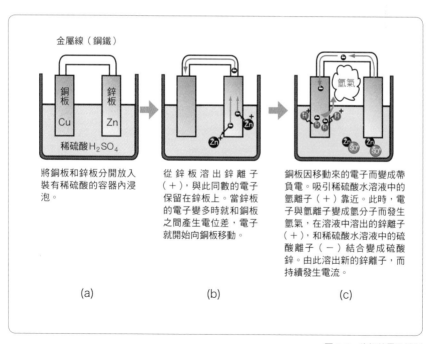

將銅板和鋅板分開放入裝有稀硫酸的容器內浸泡。

(a)

從鋅板溶出鋅離子（＋），與此同數的電子保留在鋅板上。當鋅板的電子變多時就和銅板之間產生電位差，電子就開始向銅板移動。

(b)

銅板因移動來的電子而變成帶負電。吸引稀硫酸水溶液中的氫離子（＋）靠近。此時，電子與氫離子變成氫分子而發生氫氣，在溶液中溶出的鋅離子（＋），和稀硫酸水溶液中的硫酸離子（－）結合變成硫酸鋅。由此溶出新的鋅離子，而持續發生電流。

(c)

圖4.2　伏打的電池機制

檸檬電池的實驗

　　伏打的電池，是在稀硫酸的水溶液溶出鋅離子。您是否知道替代溶解金屬的液體，可以使用身邊的檸檬或橘子的果汁也能製作電池嗎？馬上如圖4.3般製作檸檬電池看看。

　　作為能在檸檬汁溶出的金屬，準備鋅板（負極）。鋅板是簡單即可購得。此外，在反側使用在檸檬汁無法溶出的金屬銅板（正極）。在雙方的金屬板上用「簧蟲夾子」夾著（圖4.4），連接小燈泡或小型馬達。雖然無法獲得大的電流，但改變金屬板的插入位置，作各種實驗看看（若有如照片4.3的數位測驗器，就測量直流電的電壓看看）。

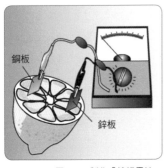
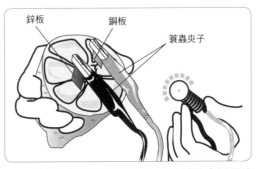

圖4.3　製作「檸檬電池」　　圖4.4　用「簧蟲夾子」夾著，連接小燈泡或小型馬達

照片4.3　左為數位測驗器，右為類比式測驗器　　照片4.4　業餘無線電家使用檸檬電池成功進行無線通訊。自作傳送機及其電路圖

　　業餘無線電家自己製作以小電力即可啟動的傳送機，以檸檬電池成功進行無線通訊。照片4.4是它的傳送機和電路圖（引自美國亞馬丘雅無線電連盟的雜誌QST " Lemonized QSO " Bob Culter,N 7 FKI and Wes Hayward,W 7 ZOI, 1992年3月號）。把鍍鋅的釘子（負極），和直徑約5mm的銅管（正極）插入檸檬，即可獲得約0.9V的電。

4-2　乾電池

錳電池

圖4.5的錳電池，是我們最常使用的電池之一。正極的金屬蓋是連接在碳棒上，其周圍填滿二氧化錳。相當於伏打電池的稀硫酸水溶液部分，是使用氯化鋅作為電解劑，裝入稱為隔板（separator）的膠狀物質內，作為電解液產生作用。此外，包覆外側的鋅罐成為負極。

常說，錳電池不連續使用，用一段休息一段的間歇性使用可以用得長久，這主要是具有消滅不使用期間在乾電池內生成的不要物質的特質所致。可是，電池的原理是化學反應，因此，電解劑等化學物質用盡時，電池的壽命也結束。

以圓筒形依大小順序有從單1到單5，電壓都是1.5V。容量比以下說明的鹼性乾電池少，價錢也比鹼性乾電池便宜。

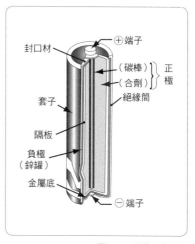

圖4.5　錳電池的內部

鹼性錳電池

一般稱為鹼性電池，但內部的構造是如圖4.6。電解劑是使用鹼性的氫氧化鉀。

鹼性的電流良好，和使用弱酸性氯化鋅的錳電池相比較，可獲得強力的電流。在此之下，壽命比錳電池長，常作為時鐘或數位相機等的電源使用。

　錳電池的碳棒，只有聚集電的作用，對電池內部的化學反應沒有助益。

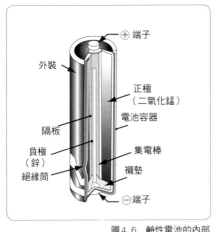

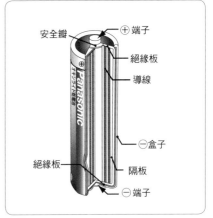

圖4.6　鹼性電池的內部　　　　　　　　　圖4.7　氫氧電池的內部

氫氧電池

　　2004年，Panasonic（松下電器產業）開發販售的氫氧(OXYRIDE)電池，是在正極使用OXY氫氧化鎳等獲得高放電電壓的新種電池，在負極是使用鋅（Zn）。內部的構造是如圖4.7般。氫氧(OXYRIDE)，是把正極的OXY nickel hydRoxIDE的大文字部排列而出的造語。壽命比鹼性乾電池長約1.5倍，初期的電壓有1.7V，也比一般的乾電池（1.6V）高，因此，沒有設想使用氫氧電池的機器是不能使用的。

　　此外，在2008年推出加以改良的EVOLTA電池，被金氏紀錄認定為「全世界壽命最長」的電池。

鈕釦電池

　　鈕釦形的電池，使用在手表或電腦內部的時鐘等，稱為鈕釦電池。依內部的材料和構造分為幾種類，主要有使用汞電池、鹼性電池、氧化銀電池或鋰電池作成的鈕釦形種類（圖4.8、圖4.9）。

　　一起使用錳電池和鹼性電池時，鹼性電池較耐久，因此使用中會形成個別的電位差。使用在1處的電池，無論串聯或並聯都使用同種類的電池為理想。

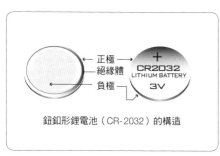

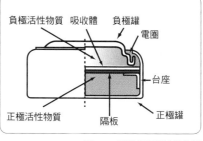

圖4.8　鈕釦形電池　　　　　　　　　圖4.9　鹼性鈕釦電池的內部

　　汞電池是在正極上使用氧化汞，負極是使用鋅，但是，汞會污染地球環境，因此世界上已經不再製造。代之而起的，是使用鋰的鋰電池已被廣泛使用。

　　依製造公司有各種不同的名稱，但由JIS（日本工業規格）加以統一，至於外國製的種類則名稱有異。此外，也有大小雖然相同，但電壓不同的鈕釦電池。例如使用在相機的MR 44，是電壓1.35 V的汞鈕釦電池，現在已停止製造。於是，希望能使用與此相同大小的LR 44，但這是鹼性鈕釦電池的電壓有1.5 V，超過本來起動的電壓1.35 V，以致有相機損壞的情形。

其他的電池

　　相機用的包包形鋰電池，是配合各種相機的形態或電壓所準備的，因此沒有1號或2號的統一形。稍有變形的鋰電池，有使用在釣魚的電浮標用小瓶形的鋰電池（圖4.10）。

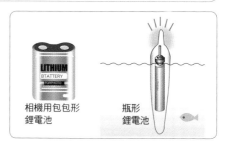

圖4.10　相機用的包包形鋰電池（左）和釣魚的電浮標用瓶形的鋰電池

乾電池發明者屋井先藏

　　德國的卡司納，於1888年在德國取得乾電池的專利。此外，丹麥的海倫森也在同年取得專利，因此，乾電池的發明者被認為是這二位。可是，日本的屋井先藏（1864～1927年）是在1887年發明「屋井式

乾電池」，在此之前世界尚無發明，因此被認為他的電池是世界之始。

　　屋井先藏是在1864年出生於越後長岡藩（新潟縣長岡市），13歲隻身前往東京擔任鐘錶店的小弟。後因病返回故鄉，以修理工匠在契約滿期後，再度前往東京進入東京物理學校（現：東京理科大學）就讀。接著，報考職工學校（現：東京工業大學），第二次挑戰時因遲到5分鐘而無法參加考試。或許當時沒有收音機，也沒有報時，以致無法得知正確的時間吧。他以這次的失敗為契機，以電驅動數百個鐘表，挑戰發明「連續電鐘」，但是，當時的電池是使用伏打電池的下一代丹尼爾電池，因為必須經常更換電解液，在攜帶上非常不便。

　　於是，想到必須發明最容易使用的"乾的電池"。不斷實驗之後，決定使用鋅筒為負極和碳棒為正極，但電解液會滲入碳棒的小洞腐蝕電池，將近3年的時間都還無法解決這問題。不過，某日因水濺在桌上，他看到了滴到蠟燭的蠟的地方水被彈開沒有滲入，於是用溶解的蠟煮碳棒來塞住洞，結果完成了世界最初始的「乾電池」（1887年），此時的先藏24歲。

　　但是，當時還不了解專利的重要性，貧窮的先藏也沒有申請專利的費用，雖在1891年設立「屋井乾電池合資會社」，但幾乎沒有接到任何的訂單，一樣還是很貧窮。翌年，在芝加哥萬國博覽會上由日本出品展示的地震計使用了先藏的乾電池，但在此的2年後，反而開始從美國進口到日本，聽說先藏對所謂「Dry battery」的商品名稱，是由自己命名的

照片4.5　手電筒及攜帶電燈用的屋井電池（照片是引自東京理科大學報）

「乾電池」直譯來的而感到憤慨不已。儘管如此，他還是獨自繼續進行改良，他所製作的小型在寒冷地區也不會凍結的屋井乾電池（照片4.5），在明治、大正、昭和時期為日本的現代化帶來極大貢獻。為世界最早的電池，是在窮困中邊打工邊讀書學習，懷著永不放棄的年輕人的努力所誕生的。

丹尼爾電池，是約翰・弗雷德里克・丹尼爾在1836年改良伏打電池所發明的電池。以素燒的容器分離電解液，正極側使用硫酸銅溶液，負極側使用硫酸鋅溶液。沒有起電力的變化，也不發生氣體。

4-3
充電電池

一次電池和二次電池

　　乾電池是用完就不能再充電。像這樣的電池稱為一次電池，例如錳電池、鹼性電池、鈕釦電池等。一次電池是以壽命一到就用完為前提所設計的。如果想用充電器充電再復活，恐怕會有漏液或破損的危險。

　　手機或筆記型電腦等的電池，是充電後就可以再使用，如此的電池稱為二次電池或充電電池。

　　筆者在孩童時期非常熱中於使用乾電池驅動模型，想多玩一陣子時，卻因電池壽終正寢而無法繼續，心想若能充電繼續使用幾次不知有多好。如此的夢想在昔日似乎也有存在，因為在1859年已經有了鉛蓄電池的發明。伏打電池的發明是在1800年，充電電池擁有絲毫不遜於乾電池的歷史。可是，乾電池比較容易使用，雖然充電電池作為汽車的蓄電池變得普及，但直到最近，才有像行動電話那樣的輕巧方便。

　　一般而言，汽車的蓄電池是12V。每1個鉛蓄電池的電壓是2V，串聯6個就變成12V，但是，把1.5V的乾電池串聯連接8個也變成12V，因此，聽說是從這種電壓的互換性而決定12V。可是，車載用機器的規定電壓是13.8V，這是為甚麼呢？在此所謂的規定電壓，是指可以加在該機器上的電壓限度。那麼，汽車的蓄電池是12V，但為了行駛中利用車的旋轉使用其動能充電蓄電池，因此電壓會變成14V以上。於是多數的車載用機器都把規定電壓設計為13.8V。

放電的機制

　　提到放電，就會想到冬天有「嗶嚦」感的靜電放電或打雷的放電，但連接負荷使用電池時也說是放電。

　　圖4.11，是說明在充電電池的內部引起化學反應的機制。在裝有稀硫酸的容器內，使用作為電極的二氧化鉛板和鉛板。把電極分開浸泡，在稀硫酸水溶液會溶出氫離子和硫酸離子（圖4.11（a））。鉛板的鉛原子如圖4.11（b）所示留下電子，溶出於稀硫酸水溶液中，氫離子是反彈鉛離子聚集在二氧化鉛板上。接著，如圖4.11（c）所示，用導線連接負荷（燈泡）時，在兩電極上產生電位差，鉛板的電

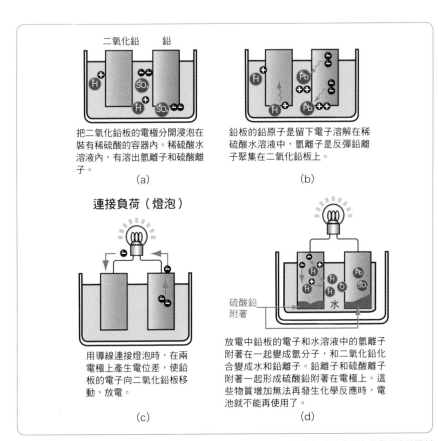

二氧化鉛　　鉛

把二氧化鉛板的電極分開浸泡在裝有稀硫酸的容器內。稀硫酸水溶液內，有溶出氫離子和硫酸離子。

（a）

鉛板的鉛原子是留下電子溶解在稀硫酸水溶液中，氫離子是反彈鉛離子聚集在二氧化鉛板上。

（b）

連接負荷（燈泡）

用導線連接燈泡時，在兩電極上產生電位差，使鉛板的電子向二氧化鉛板移動，放電。

（c）

硫酸鉛附著　水

放電中鉛板的電子和水溶液中的氫離子附著在一起變成氫分子，和二氧化鉛化合變成水和鉛離子。鉛離子和硫酸離子附著一起形成硫酸鉛附著在電極上。這些物質增加無法再發生化學反應時，電池就不能再使用了。

（d）

圖4.11　充電電池的內部引起化學反應的機制

子向二氧化鉛板移動。透過如此的化學反應發生電，稱為放電。

　　那麼，放電中鉛板的電子和水溶液中的氫離子附著在一起變成氫分子，和二氧化鉛化合變成水和鉛離子（圖4.11（d））。持續如此般的狀態時就發生電，亦即放電，但是，鉛離子和硫酸離子附著一起形成的硫酸鉛附著在電極上，這些物質漸漸增加而無法再發生化學反應時，電池就不能再使用了。

充電的機制

　　圖4.12，是說明在充電電池上連接充電器蓄電的機制。持續放電時，是如圖4.12（a）所示，硫酸鉛漸漸附著在雙方的電極上。如圖

4.11的說明，在正極發生水，但在此之下稀硫酸水溶液就變淡。而且漸漸失去電位差，使電子無法移動。於是，在兩極間連接充電器時，就和水化合變成二氧化鉛和氫離子、硫酸離子（圖4.12（b）），硫酸鉛和電子附在一起，和硫酸離子變成原來的鉛（圖4.12（c））。

如此般，和使用充電器放電時逆向通電時，就會發生相反的化學反應，回到原來的狀態。

充電電池（二次電池），是充電時所發生的氣體在內部吸收的機制，也附有可排出氣體的安全瓣。常有人會把乾電池（一次電池）拿來充電後使用，但是，勉強在乾電池上充電，發生在內部的氣體被封閉而充滿內部，依情形恐怕會有內部壓力變高而破裂的危險。投入火堆中，也會有因高熱引起同樣危險的可能性。此外，分解乾電池時，尤其鹼性電池的情形，鹼會腐蝕人的肌膚。鋰電池也有金屬鋰接觸到水而發火的情形，須知，分解電池是很危險的事。

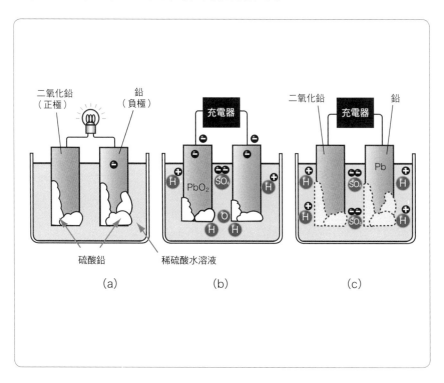

圖4.12　在充電電池變成充電器蓄電的機制

鎳鎘電池、鎳氫電池

鎳鎘電池,一般是稱為 Nicado 電池,在電極是使用鎳和鎘,電解劑是使用氫氧化鉀。在正極和負極的電極板上夾著隔板的構造,可貯存大電量,因此都使用在電動牙刷或電動刮鬍刀上。

可是,鎘對人體有害,考慮環境問題,於是作為替代在電極上使用以鎳和鎂或釩為基本之吸留氫合金(具有吸入氫性質的合金)的鎳氫電池。

鎳是在日幣 50 日圓、100 日圓上也含有,鎂是製作豆腐時使用的鹽滷也含有。此外,含有釩的礦泉水也有在市面販售,因此,鎳氫電池可說是採用考慮對人體影響的金屬材料。

鎳氫電池,雖有放著不使用時電會散失的自我放電量多的缺點,不過,也已開發可控制該現象的種類。

鋰離子電池

使用在筆記型電腦電池包上的鋰離子電池,可獲得高電壓,適合能在用完之前充電繼續加足電力的電化機器。

電池的構造,是在墊板狀的正極和負極之間夾著隔板的三層構造,以金屬罐的盒子(鐵罐或鋁罐)密閉。

鎳鎘電池或鎳氫電池會發生記憶效果,因此須注意充電的時機。所謂記憶效果,是指使用鎳鎘電池或鎳氫電池,如在電池用完之前進行再度充電,即使還有剩電,也會降低放電電壓。為此,也有為了用完電池用的「放電器」,鋰離子電池的記憶效果小,因此適合如手機般頻繁充電補足的機器。

在過去,曾發生以金屬微粒子混入電池內部為原因的火災事故。雖發表了因使用不同廠商的鋰離子電池,無法特定發火的原因而認定異常發熱或發火是筆記型電腦側的影響較大的見解,但無論如何,為了確保安全必須進行改良。

4-4 太陽電池和燃料電池

太陽電池的機制

太陽電池，是使用以太陽光使電流流動的各種物質來發電。太陽電池也稱為Solar battery，為了手機或隨身碟等攜帶機器用也開發了小

型的太陽電池（照片4.6）。

為了以光發生電流，使用把光的能量變成電的特別零件的半導體。半導體，有結晶狀的半導體和非結晶質（稱非晶質）的半導體，現在的太陽電池，是使用兩者開發了各種的種類。

照片4.6　攜帶式太陽電池。

圖4.13是說明太陽電池的機制，這是不會因發電而污染環境，真正清潔的電池。

太陽電池有幾種類型。使用由多數微小的結晶所形成的矽（地球上有多量的硅）的多結晶矽形，具有發電效率高的特長，已有量產。

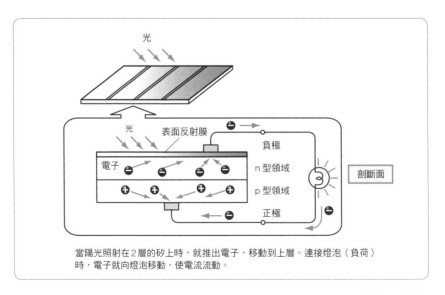

當陽光照射在2層的矽上時，就推出電子，移動到上層。連接燈泡（負荷）時，電子就向燈泡移動，使電流流動。

圖4.13　太陽電池的機制。

以在玻璃上的薄膜狀非結晶質矽成長製作的非結晶質型，也開發出作成軟片狀薄板可彎曲的類型。太陽手錶，是可對太陽電池的二次電池進行充電。

此外，化合物半導體型是以幾種元素為原料，有單結晶和多結晶。單結晶的類型有使用在人造衛星等機器上，多結晶類型因材料種類豐富，適合量產化。

現在，把光的能量變化成為電的效率（稱為變換效率）還不足以說是充足，仍有待繼續改良。此外，照射不到陽光時就無法發電，因此也有先在別的二次電池上充電使用的情形。

「色素增感型」太陽電池，是利用色素吸收部分波長的光以釋出電子的性質來發電。能夠比結晶矽型更廉價製作，但發電效率低仍是課題。

日本桐蔭橫濱大學大學院工學研究科宮坂力教授的研究小組和培庫歇耳科技公司、藤森工業，合力開發軟片型色素增感型太陽電池。這是使用透明導電軟片夾著使用色素和電解質的發電層，厚度0.3mm的3層構造，2008年把變換效率提高到6％。如果可以量產，就有可能變成使用矽的一半價格，現在有好幾家企業正在開發中（照片4.7）。表4.1，是就主要的太陽電池比較作彙整。太陽電池是作為清潔能量源有無限前途的品目，但是，要邁向真正實用化則須再提高變換效率。為此，現在正處於研究、開發各種類型的階段。

照片4.7　將PET軟片作為基板使用的色素增感型太陽電池的試作品。
約130mm×130mm，厚度500μm弱。以6元件串聯連接，輸出力3.5V。

燃料電池

燃料電池，是以氫的燃料或氧等反應來發電。雖然使用各種的燃

Hint　手機就像接收one seg地面數位電視廣播般，攜帶機器的電源，為了符合能承受長時間使用的要求，於2004年試作手機用「微燃料電池」，富士通研究所以300ml濃度30％的甲醇驅動筆記型電腦8～10小時。

類型（型）	主原料	特長
單結晶矽	矽	・變換效率高 ・生產成本高
多結晶矽型	矽	・變換效率高 ・成本比單結晶型低 ・材料採購有阻礙
非結晶質型 （薄膜型）	矽	・矽使用量少 ・變換效率低
化合物半導體型	化合物半導體	・使用稀少金屬 ・生產時的能量少
色素增感型	有機色素	・生產成本低 ・變換效率低

表4.1　主要的太陽電池的比較

料，但主要是和水的電分解相反，是以氫和氧形成水的化學反應來取出電能。如圖4.14所示，送達燃料電池的氫，在電解液中離子化分成氫離子和電子。電極，是由僅讓氫離子通過而不讓水或氧、氫等分子通過的膜所形成，電子是經由負電極的導體內向正極移動使電流流通。此外，通過電解液的氫離子和氧、電子結合變成水。

　燃料電池的機制，是能夠從化學能變換為電能的高發電效率，而且不需要機械性的構造。於是，從筆記型電腦或手機等攜帶型機器到汽車、Cogeneration（同時發熱發電）或發電廠，作為多用途能量源而受到期待。

　依化學反應的不同或電解液的種類等而有幾種類型，作為攜帶型機器或燃料電池汽車等的電源而受期待的固體高分子形燃料電池，是在電解質使用僅能透過氫離子厚度數十～數百微米的高分子膜（固體高分子膜），能夠小型、輕量化。現在，筆記型電腦等多數的攜帶型機器都是

①以液化石油氣或燈油為燃料的家庭用燃料電池，是以發電時所發生的熱來燒開水或供給暖房，稱為「Cogeneration（同時發熱發電）」。

②固體高分子形燃料電池，是將高分子膜作為電解質使用的燃料電池。將正極（空氣極）、負極（燃料極）和高分子膜貼合一起串聯連接之下，獲得高電壓。

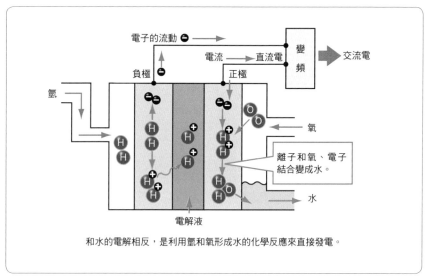

和水的電解相反，是利用氫和氧形成水的化學反應來直接發電。

圖4.14　燃料電池的機制

使用鋰離子電池，不過以相同大小燃料量的燃料電池相比較，聽說連續使用時間可達到10倍以上。當然，準備更多燃料量時，即可連續發電。

家庭用燃料電池是在取出氫，做為燈油、液化石油氣或都市瓦斯燃料上使用，因此石油公司或瓦斯公司可以使用政府的補助金進行設置。燃料電池的能量效率約80％較高，遠超過火力發電廠的約40％，不過以一般家庭的規模來說，是不可能籌措到所有的電力量。為此，如圖4.15般，和來自電力公司的電併用，以實現作為提高節能性能住宅的目標。

各種的燃料

燃料電池是將氫進行電化學反應，在常溫下氫是有爆炸性的氣體，

　　燃料電池車，是利用氫和氧的化學反應發電，驅動馬達的汽車。沒有二氧化碳的排氣，僅生成水。世界的主要製造廠商，正邁向實用化不斷進行改良，也有已經開始進行租賃販售的廠商。此外，氫汽車是燃燒氫來驅動引擎。馬自達汽車公司是把氫旋轉式引擎實用化，在2006年開始租賃販售。聽說，旋轉式引擎的燃料噴射室與爆炸室不同，因此不容易引起氫的異常爆炸，可確保安全性。在日本，供給氫的氫站仍然很少，期盼能盡快整備基礎建設。

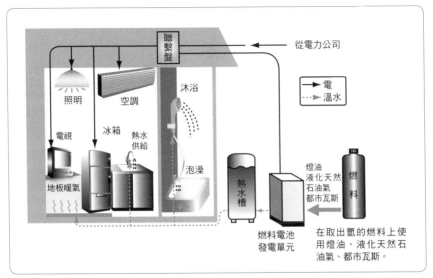

圖4.15 利用家庭用燃料電池的節能住宅

因此以氫為燃料時，個人是不能為了攜帶型機器而隨身帶著氫行動。於是作為燃料，想出處理更簡單將甲醇裝在管內使用的方式。

　燃料電池是在供給作為燃料的氫的基礎建設整備上須耗費可觀的成本，但不會排放有害物質的氣體，因此值得作為汽車的動力源實用化。LPG（Liquefied Petroleum Gas：液化天然石油氣）、天然瓦斯或燈油也作為燃料電池的燃料使用，但是，使用甲醇的燃料電池可以小型化，因此很多電機公司都積極著手各種裝置的研究、開發。

　此外，新力公司在2007年開發從葡萄糖發電的「生物電池」，僅使用這種電池便成功啟動攜帶隨身聽。這是以酵素產生葡萄糖水溶液的「氧化分解（負極）」發生電子和氫離子，從電子、氫離子和空氣中的氧生成水的「還原反應（正極）」發電的機制。

 　以混合數%生物甲醇的汽油問世後，世界的穀物價格便一路高攀不下。甲醇燃料的電池普及之後，勢必對成為主要原料的穀物需求帶來影響。

4-5 發電機的機制

以交流電發電的方法

　　發電機，是利用在線圈內出入的磁鐵就會發電的所謂電磁誘導現象。這是英國的物理學家麥克・法拉第（1791～1867年）發現的。雖然了解纏繞電線製作線圈使電流流動就會發生磁力，但是，他反向思考「能否使用線圈和磁鐵發電呢？」。

　　圖4.16，是以電磁誘導發電的機制。在磁鐵所產生的磁力中用力旋轉線圈時，線圈會產生電位差而發電。自行車，是以摩擦輪胎旋轉軸的所謂Dynamo發電機來電亮車燈，但這也是相同的構造。

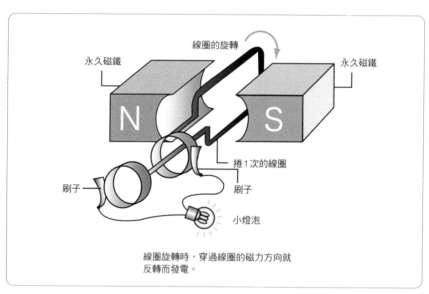

線圈旋轉時，穿過線圈的磁力方向就
反轉而發電。

圖4.16　使用電磁誘導發電的機制

發電廠的發電機

　　在發電廠為了獲得旋轉力，將從外部加上水力或蒸氣力抵住渦輪葉片來驅動渦輪機（照片4.8）。依此使線圈旋轉發電的機制，是使用和圖4.16一樣的原理。稱為旋轉電機子形。

　　此外，相反的也有固定電機子（線圈），把發生磁力的部分在線圈周

照片4.8　信濃川發電廠的立軸法蘭西斯水輪發電機的渦輪機
＜照片提供：東京電力株式會社＞

圍旋轉形的構造，稱為旋轉界磁形。

此時，旋轉子每1秒的旋轉數為n[rps]時，所發生的交流電電壓頻率為f[Hz]，就變成f＝n[Hz]。

發電機，是以供給安定的電力為目的，為了獲得一定頻率的交流電電壓，旋轉速度必須配合磁極數維持在一定值。該頻率與磁極數所定的旋轉速度稱為同步速度，以和頻率同步（使動作和時間吻合）速度旋轉的交流電發電機，稱為同步發電機。

發電廠的種類

發電廠有水力、火力或核能等，只是旋轉渦輪機使用哪一種種類的能源不同而已，至於發電機的動作原理都一樣。

 Hint　rps，是revolution per second（每秒旋轉數）的簡寫。所謂每秒旋轉數，是1秒旋轉幾次的表示單位。

4-6 水力發電的機制

將水流的能量變換成電

提到水力發電，就讓人想到水庫，不只是這樣，利用河川的水流旋轉渦輪機葉片的發電方式，都屬於水力發電。在火力或核能發電盛行之前，多山國家的日本都是倚賴建造在山間部水庫發電的電力。非常幸運整年都有一定量的雨量，可說日本原本就適合水力發電。

水力發電的發電效率高，水流能量達到約70％即可變換成電，每單位輸出力的成本非常低廉為優點。此外，發電機的輸出力安定，可順應需求對象的變動。

水力發電廠的構造與發電的機制

圖4.17，是表示使用水庫式發電廠的水力發電廠的構造和發電的機制。貯存在水庫的水經由鐵管旋轉水車（渦輪），以此旋轉力來發電。此外，圖4.18是表示利用水力的各種發電的機制。

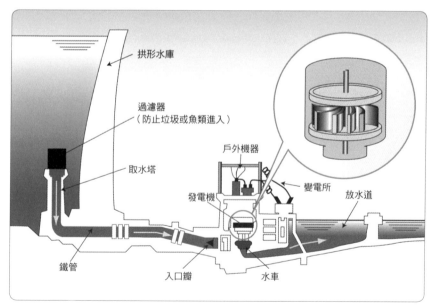

圖4.17　水力發電廠的構造和發電的機制　貯存在水庫的水，從取水塔經由鐵管旋轉水車（渦輪）。以此旋轉力旋轉線圈來發電

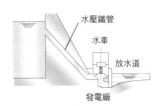

流量多且傾斜度緩和的河川,是建築堰堤止住水增加水壓來形成水流力量的方式。

（a）水庫式發電廠

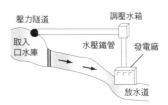

兼備水庫式和水道式設置水庫,利用水道引入發電廠,由此獲得落差的方式。

（b）水庫水道式發電廠

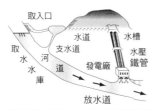

從河川的上游取水,以水道引導到發電廠,由此獲得落差的方式。

（c）水道式發電廠

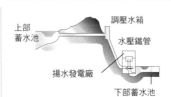

這是利用人工湖等方式的一種,在上部蓄水池和下部蓄水池之間汲水循環幾次來發電的方法。

（d）揚水式發電廠

圖4.18 利用水力的各種發電廠

水力發電的問題點

建設水庫,需要耗費鉅額的費用。也要有水淹沒地區全體遷移或補償金的時間,更要對廣大範圍進行環境影響的調查、檢討。此外,大規模的水庫在多數的場所幾乎都已經建造完成,因此沒有留下新建設的餘地乃為現狀(照片4.9)。

照片4.9 水力發電廠和水庫

4-7 火力發電的機制

將蒸氣能量變換成電

火力發電的燃料，是煤炭、石油、LGN（Liquefied Natural Gas：液化天然氣）等的化石燃料。燃燒這些燃料使用其熱能在火爐裡發生蒸氣，在透過其力轉動直接連接發電機的渦輪機來發電（圖4.19）。渦輪機，相當於水力發電的水車。因渦輪機的轉動，其旋轉能量傳到發電機。

如此般以蒸氣渦輪機為原動機的方式稱為汽力發電方式，在火力發電中成為主力的方式。地熱發電，也涵蓋在此方式。

火力發電廠大多在海岸

作為火力發電燃料的煤炭、石油、LGN，主要是靠輪船運輸來的。此外，旋轉渦輪機之後的蒸氣，是以復水器冷卻變回水，再次送入火

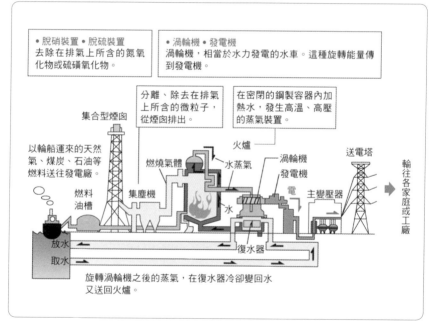

圖4.19　火力發電廠的構造和發電的機制

爐內變成蒸氣。在此，為了冷卻復水器必須要有大量的水，因此火力發電廠大多是設置在靠近海岸的場所。

發電量最多的是火力發電

圖 4.20，是表示日本年間發電量的構成圖表。這是從 1952 年以來的資料，1950 年代是以水力發電占大半，到了 1960 年代則隨著電力需求的擴大使大容量、高效率的火力發電廠大增。

以 1970 年代的第一次石油危機為契機直到今日，已進展為核能發電或 LNG 火力發電等替代石油的發電。其結果，如圖 4.20 的發電量所見，2004 年的石油火力發電比率，已經下降到整體的 1 成以下。

以 LNG 或煤炭為燃料的比率高，以火力發電整體來說電量最多，但為了穩定供給，必須謀求能源的多樣化。

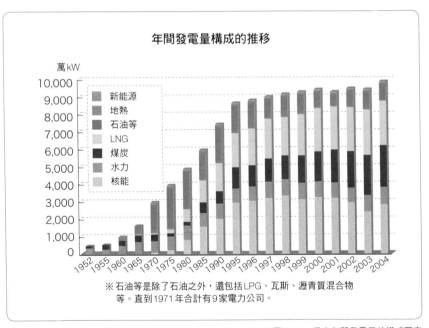

圖4.20　日本年間發電量的構成圖表

4-8 核能發電的機制

將核分裂的能量變換成電

　　核能發電是以熱能發生蒸氣，旋轉渦輪機的葉片發電的方式。該機制和火力發電相同，但替代煤炭、石油等的化石燃料，使用以核分裂獲得的巨大熱能。

　　日本的核能發電，是以日本核能研究所（現在成為獨立行政法人日本核能研究開發機構）在1963年使用茨城縣東海村的動力試驗爐成功發電為開端。已實用化的發電爐，是以日本核能發電株式會社在東海村開始運轉的為最初。關西電力公司於1970年開始美濱發電廠（福井縣）的運轉、東京電力公司則在1971年開始福島第一核能發電廠（福島縣）的運轉。

何謂核分裂反應

　　所謂核分裂反應，如圖4.21所示，是指原子核分裂製作二個以上輕元素的反應。

　　使用在核能發電的是，原子價235的鈾235。天然的鈾，含有容易引起核

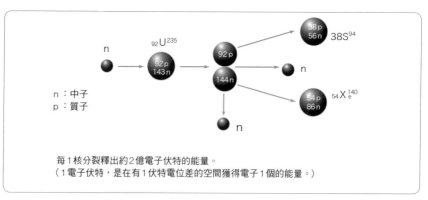

每1核分裂釋出約2億電子伏特的能量。
（1電子伏特，是在有1伏特電位差的空間獲得電子1個的能量。）

圖4.21　鈾235的核分裂反應

①原子量，是以碳原子的質量為基準，表示其他元素的原子相對性質量的數值。

②所謂鈾，是存在於自然界的最重元素，作為核燃料利用。鈽（元素記號Pu），是放射性元素之一，作為核燃料利用。

分裂的鈾235和不容易引起的鈾234、鈾238。將構成原子核不帶電的中子和鈾235衝撞時，原子核會分裂成二個，此時會發生大熱能。

在惡用該能量上，會讓人聯想到原子彈。中子撞到鈾238變成鈾239時，以2次的 β 裂解（原子核內的中子變成質子的反應）變成鈽。使用以這種鈽的連鎖性核分裂所產生的龐大能量的，是投擲在長崎的原子彈。如此般以核分裂反應所產生的能量，是慢慢進行核分裂即可如核能發電廠般利用在和平上。

那麼，核能發電廠是如何高明控制核能呢？

重要的控制棒任務

如果在核能發電廠的原子爐內發生如原子彈般的連鎖反應，問題就嚴重了。為此，在原子爐內有可吸收中子的控制棒。控制棒，是為了調整原子爐的輸出力的棒子，以可吸收中子的材料製成。當原子爐處在停止狀態時，就插入該控制棒。

此外，減速材是為了降低在核分裂後釋出的中子速度所使用，在減速材上使用水的原子爐稱為輕水爐。

圖4.22下面所示的圖，是燃料棒內鈾235核分裂發生2個中子。中子以減速材減速，接著再以可吸收中子的硼或鎘等做成的控制棒吸收。

原子爐的種類和構造

圖4.22和圖4.23，是表示原子爐的種類及其構造。圖4.22是加壓水型輕水爐（PWR：Pressurized Water Reactor），使用低濃縮鈾為燃料，在減速材和冷卻材使用水。不讓水沸騰，把整個爐放進壓力容器內保持爐內高壓。

圖4.23是沸騰水型輕水爐（BWR：Boiling Water Reactor），在原子爐的內部讓水沸騰直接轉動渦輪機的方式。

速度慢的中子稱為熱中子。此外，核分裂反應的結果，所釋出的速度快速的中子稱為高速中子。高速中子不容易引起核分裂反應，因此，核能發電廠是使用熱中子。

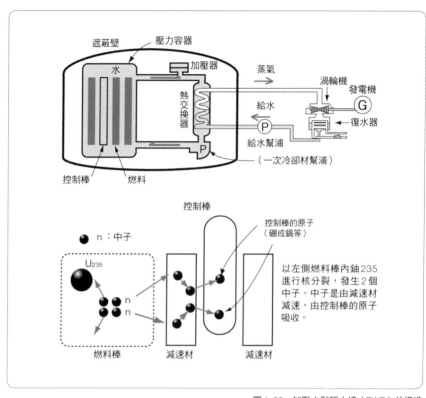

圖4.22 加壓水型輕水爐（PWR）的構造

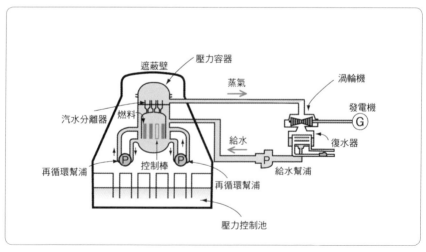

圖4.23 沸騰水型輕水爐（BWR）的構造

核能發電的問題

最大的問題是，萬一發生事故時被害恐怕會波及廣大範圍。鈾或鈽一旦外漏，將對人體或環境帶來極大影響。

1986年，前蘇聯（現在的烏克蘭共和國）的車諾比核能發電廠發生大爆炸，原子爐受到破壞造成大量的放射能（放射性物質）釋出於大氣中，成為史上最嚴重的核能發電廠事故。當時的前蘇聯政府安置車諾比週邊區域的居民避難，事故發生的1個月後，居住在核能發電廠30km以內的約11萬6千人遷移。擴及世界各地的放射能，此時在日本也被驗出。原子爐，雖有進行為了防止放射能釋出覆蓋石棺的緊急處置，但經過20年以上的現在，因老朽化的進行而有崩壞的危險性，或者因為從裂縫滲入雨水而污染地下水的問題也令人憂心。為此，作為新方策計畫建設新石棺。

此外，以發電排出的放射性廢棄物的處理也是問題。依現在的技術，是以封閉在容器內再埋入地裡的方法來保管，據說，以此狀態變成對大自然無害須耗費1萬年以上。

高速增殖爐

將依核能發電所生成的鈽239，作為燃料再利用的原子爐就是高速增殖爐。此外，輕水爐是使用水作為冷卻劑，但是，高速增殖爐則是使用鈉作為冷卻劑。鈉和水反應時就發生氫氣，具有激烈燃燒的性質。

出於安全性的觀點，美國、英國、德國、法國等對實用化斷念的國家頗多，日本雖在福井縣敦賀市以「文殊」繼續進行實用化的研究開發，但是，從1995年發生漏鈉事故以來，就停止原子爐的運轉（現在，邁向重新運轉著手進行各種的確認試驗）。

作為更現實性的方法，實現不把鈽使用在高速增殖爐，而是使用在核能發電廠（輕水爐）來利用，稱為Pluthermal（在鈾混合鈽作為燃料的輕水爐）的發電。

Pluthermal，是Plutonium（鈽）和thermal reactor（輕水爐）合成的用語。從在輕水爐使用過的用完燃料取出鈾和鈽，然後把這些作為混合氧化物燃料再次使用於輕水爐。

4-9　太陽光發電的機制

把太陽光的能量變換成電

太陽光發電，是如圖4.24所示，把太陽的光作為能量變換成電的發電方式。在能量變換上是使用太陽電池，但是，以太陽電池所產生的直流電，是貯存在有二次電池的蓄電裝置內。

一般家庭是使用交流電，因此以變頻器把直流電變換為交流電。

那麼，在家庭發電的電量可達到多少呢？依據太陽光發電協會的計算是「發電量，以在東京地區將太陽電池對水平傾斜30度，向著正南方設置時的計算例是，太陽電池容量每1kW系統1年可發電約1000kWh」。

所謂太陽電池容量，依據JIS（日本工業規格）所計算的太陽電池模板（module）的輸出力合計值，是將一個模板的最大輸出力乘以片數所得的數值。可是，實際使用時的發電量，會因設置的方位或角度、設置地區的日照程度等而有不同。

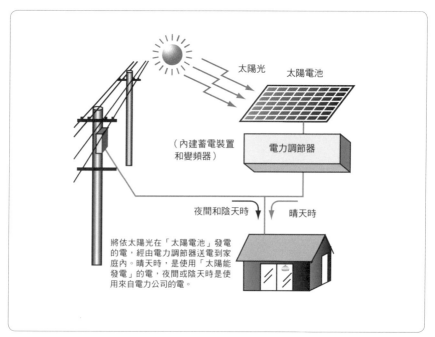

圖4.24　太陽光發電的機制

例如，4人家庭一年消費的電力5,500kWh的話，如果設置太陽電池容量3kW的發電系統，便能計算出一年消費電力約60％，是受惠於太陽能發電。

環保的能量

　　能量源是只要太陽的壽命還在就能持續，因此完全不用擔心，只是直接變換太陽光，因此屬於環保的能量。

　　可是，所獲得的太陽光的量受到天候的左右，夜間就無法運作，因此需要貯存在二次電池。此外，為了獲得充分的電力，必須要有設置太陽電池的廣大面積。

太陽熱發電

　　利用太陽光現的熱發電的，就是太陽熱發電（照片4.10）。在一般家庭的屋頂上經常可看到扁平的水槽，太陽熱發電是使用大規模的太陽集熱器，透過反射鏡聚集太陽光線來轉動渦輪機製造蒸氣。

　　可是，和使用太陽電池的方式相同，必須有廣大的設置面積、受天候左右，以及入夜就完全無法發電。

照片4.10　太陽熱發電＜照片提供：小笠原隆史先生＞

 　　有人提出向太空發射鋪滿太陽電池的發電用靜止衛星，然後把在衛星發電的電力以微波向地球輸電的太空太陽發電衛星（SPS：Solar Power Satellite）的構想。在地面使用天線接收這種的微波，最後變換為商用交流電力的偉大構想。不過，發電成本的問題、對人體或環境的影響等有待解決的課題也多。

4-10 核融合發電的機制

將核融合反應的能量變換成電

　　現在，發電電力量最多的是火力發電，不過，是以石油、煤炭、天然氣等化石燃料為能量源。這些資源雖有新的採掘，但也確實指向枯竭，因此，只要世界上仍然不斷大量生產電力和大量消耗電力，能量資源的問題就無法獲得解決。為此，必須使以太陽光或風力為能量源的發電實用化，但是，是否能在將來僅憑這一類的發電即可穩定籌措所有電力的課題。

　　成為另一選項的核融合發電，是把以水存在於地球上的氫用在發電上，如果真的成為實化化之後，倚賴來自國外的化石燃料的日本發電問題即可迎刃而解。

　　核融合發電，是以原子核彼此間互相碰撞變成一個原子核的反應。此時所發生的能量，會發生比核能發電所使用的核分裂數倍大的能量。利用此龐大能量發電的，就是核融合發電。

何謂核融合反應

　　所謂核融合反應，如圖 4.25 所示，是以氫等輕的原子核彼此互相碰

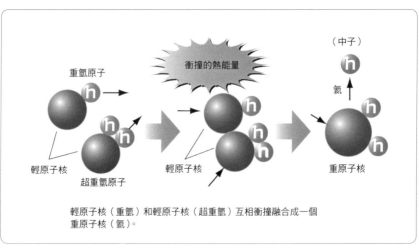

輕原子核（重氫）和輕原子核（超重氫）互相衝撞融合成一個
重原子核（氦）。

圖 4.25　核融合反應的機制

撞釋出巨大能量的現象，也稱為原子核融合。

太陽的能量，是以四個氫變化成一個氦的核融合反應，也可說利用太陽燃燒原理的是核融合發電。實際使用在發電的是重氫或超重氫，重氫是比氫多1個中子，而超重氫是多2個。這二個進行核融合反應時，就發生龐大的熱能量，生成氦。

發生超高溫的等離子

為了引起核融合反應，將二個原子核互相衝撞融合，但這些是帶正電荷會反彈互斥，不會發生衝撞。於是，以超高溫增加速度來發生衝撞，為此，原子核和電子必須變成以光速移動旋轉的等離子狀態。

為了實現必須有大規模的裝置，圖4.26所示是托卡馬克（Tokamak）型核融合裝置。在日本，是以1985年為目標設置所謂JT-60的國家專案開始實驗裝置的運作，現在也進行研究開發，只是由後述的ITER繼承。

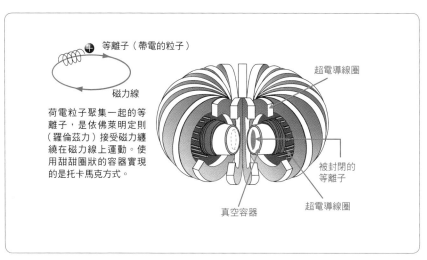

圖4.26 托卡馬克（Tokamak）型核融合裝置 將線圈捲成甜甜圈狀發生磁力，封閉等離子的電荷，超高溫過熱時就會引起核融合反應。

①等離子，是在氣體中放電就會生成，日光燈是以汞氣變成等離子來點亮。等離子展示，是利用放電發光平面型的表示元件。

②羅倫茲力，是帶電粒子運動時從磁場發生的力，向粒子的進行方向和直角的方向起作用。

如此般，核融合反應必須有非常高的溫度，等離子的溫度會高到1億度以上。這是令人無法想像的巨大的數值，聽說太陽表面的溫度是約6000度，中心約有1500萬度，因此核融合裝置被稱為「地上的太陽」也是令人信服的。

作為封閉等離子的容器，選擇甜甜圈狀的托卡馬克構造，但以此狀態是無法把比太陽還熱的超高溫放入原子核。等離子是帶電的粒子，因此依佛萊明定則接受磁力。於是，在容器的周圍纏繞超電導線圈，依據在此發生的磁力把超高溫的等離子不直接接觸容器般封閉起來。

線圈上流通著非常強的電流，因此使用在線圈上既粗又長的金屬必須是無接縫的種類，且其製造或裝置也要使用高度的技術。

等待實用化的核融合發電廠

現在的核融合反應持續時間有限度，尚未達到作為發電廠穩定供給電力的地步。可是，作為原料的重氫或超重氫可取自海水，可說是不用擔心像化石燃料有枯竭的一日。此外，也沒有像核能發電般核分裂連鎖反應的狂暴危險性。而且，不會釋出放射線，因此不會排出放射性廢棄物。

以此意味而言，核融合可謂是既環保又安全的能量發電方式。

ITER

所謂ITER，是指從2007年開始建設的國際熱核融合實驗爐（照片4.11）。日本的JT-60，是以科學性的實證為目的，但作為邁向實用化的下一步驟，計畫以托卡馬克型的實驗爐發展研究成果。指向比JT-60更長時間的核融合燃燒，實驗爐是直徑30 m的巨大種類，據說，建設的總費用超過1兆日圓。為此，ITER以「和平目的的核融合能量，在科學技術上能夠成立，期盼實現人類第一個核融合實驗爐」

1989年，英國沙烏山普敦大學的馬耳丁・富來修曼教授和美國猶他大學的史丹・澎思教授，共同發表發現常溫下的核融合現象。其後，繼續進行多數的追蹤試驗，但均未能重現，因此，現在被認為是誤認。當時，日本的通產省・資源能量廳正著手進行為世界唯一大型專案計晝的室溫核融合實證研究，但是，在1997年決定中止計晝。

的國際專案計畫分擔費用，除了日本之外，ＥＵ（歐盟）、俄羅斯、美國、韓國、中國、印度也有參加。2005年，決定在法國的卡達拉修建設實驗爐，建設需費時10年，其後實驗則需20載。

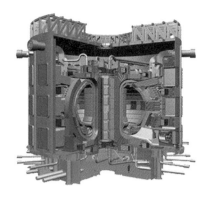

照片4.11　國際熱核融合實驗爐的概念圖（引自獨立行政法人日本核能研究開發機構的網頁）

COLUMN

回顧JT-60

　　筆者在進入社會的第4年，參加JT-60專案計畫。據說，所謂60是指以昭和60（1985）年開始運轉為目標所命名的，但是，當時大約是昭和55（1980）年，因此是托卡馬克型核融合裝置正在製造、組合中。筆者所負責的是，設計、開發在發生等離子的瞬間把等離子狀態的溫度變化資料盡可能大量輸入電腦的高速專案。

　　可是，比起現在的電腦，當時的電腦計算速度慢，因此，為了收集資料必須重新開發專用的高速個人電腦。同事因忙於其他的專案，以致只能靠自己一人每日不斷地閱讀塞滿書櫃的說明書。

　　我也親自前往東海村的現場幾次，核融合裝置的全貌尚未明顯化。不過，從設置的地板面積想像完成的形態時，其巨大不禁令我乍舌。尤其線圈之大，更是令人瞠目。聽說線圈的金屬只要有些許的瑕疵或接縫時，就會由此熔解，由此可知有多大量的電流在線圈上流通。參與途中因身體健康關係，無法一直參與到JT-60的運用，不過，因這段的經歷使筆者的其後人生為之丕變，以致對這項國家專案計畫具有難以抹滅的記憶。

4-11　其他的發電

風力發電

　　風力發電,是以風的力量轉動風車發電的方式(照片4.12)。只要有風吹動,即使夜間也能發電,但風力並非固定以致無法獲得穩定的發電量。風力發電也在世界各地擴大,但是,占全體發電量的比率小,似乎在特定的地區都是作為補助性使用。

　　如圖4.12般具有3片葉片的發電機占多數,一旦增加片數為4片、5片,重量也隨之增加,在風力較弱時就無法轉動。似乎就是這樣才決定採取發電效率較高的3片葉片構造。此外,也有把風車的軸變成垂直的類型,為了能在都市部使用,也可看到把葉片小型化的發電機。

　　風力發電是利用自然界的風,因此在設置的場所上必須先調查一年間風吹動的時間、大小等風況。使用大型的螺旋槳,以幾m/秒的風即可起動,開始旋轉後即使風力較小一樣可以繼續旋轉。輸出力百kW級的發電機需距離地面30m高,葉片的直徑有要有30m左右。因此,只要螺旋槳被風吹離,問題就嚴重了,於是,設計在吹襲如颱風般風速25m/秒以上的風時,葉片就會停止的發電機。

　　發電輸出力小型的有數十kW,大型的有數百kW級的。也有就全世界靠風力發電試算電量,似乎可獲得現在世界必需總電量5倍以上的電量,因此,風力發電在今後或許會更加普及。

圖4.12　轉動風力發電機的螺旋槳(風車)

地熱發電

　　圖4.27所示的地熱發電，是使用溫泉的蒸氣轉動渦輪機的方式。日本的溫泉眾多，因此在火山帶的附近可作為穩定能量源利用溫泉的蒸氣。

　　從地下數十m到數千m，貯存以岩漿的熱生成的天然水蒸氣。使用鑽孔機挖掘蒸氣井採取這些水蒸氣，然後透過汽水分離器分離成熱水和蒸氣。分離的蒸氣是在蒸氣槽調整壓力，以此蒸氣壓力轉動蒸氣渦輪機驅動發電機而獲得電。

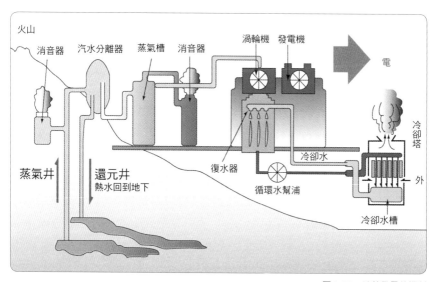

圖4.27　地熱發電的機制

海洋溫度差發電

　　作為利用大自然的熱的發電，有利用靠近海面的溫海水和深海的冷海水之溫度差的海洋溫度差發電。

　　水是以100℃沸騰變成蒸氣，但使用阿摩尼亞時會以比100℃低的溫度沸騰獲得蒸氣。蒸氣渦輪機，是以使用任何物質的蒸氣均可轉動的原則作成的，因此，若以沸點低的阿摩尼亞作為蒸氣使用而獲得高壓的蒸氣時，即可使用該蒸氣轉動渦輪機發電。

　　圖4.28，是利用這種原理的海洋溫度差發電的裝置。阿摩尼亞，是以約20度的海水溫度差從液體變成氣體，冷卻該氣體又再次回到液

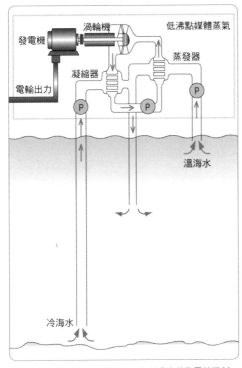

圖4.28　海洋溫度差發電的機制。

體。如此反覆即可持續轉動渦輪機。

　　海洋溫度差發電，是日本佐賀大學在1973開始實驗。海洋能量研究中心（IOES）的實證工廠，在2005年成功輸出6.3kW，更接近一步邁向實用化。

　　雖然氣化阿摩尼亞的蒸發器和回復液體的凝縮器的熱效率成為課題，但是，透過薄板狀的板式熱交換器飛躍性的提高效率。使用在發電的溫海水，需減壓到0.03氣壓蒸氣化，以用完的冷海水冷卻可製造淡水，因此，在可取得大溫度差的太平洋小島國上備受注目。今後，

在發電上必要的溫度差變小時，不僅現在從北緯20度到南緯20度之間，更能擴大區域，活用環保的能量資源備受期待。

波力發電

　　利用海洋的發電，還有使用海波力量的波力發電。這是以位於箱內的海波上下運動使箱內空氣出入，以此空氣的流動轉動渦輪機的機制。因容量小，並未使用在一般家庭用的發電上，不過，有作為夜間發光的航路標幟浮標電源使用。

　　利用焚燒垃圾時的燃燒氣，轉動渦輪機發電的方式，就是垃圾發電。筆者居住的地區，是把作為不可燃垃圾分類的塑膠、橡皮、皮革製品等變更為可燃垃圾。這是為了活用燃燒時所產生的熱能量。此外，也有把垃圾加工成為燃料，作為火力發電的燃料再利用的方式。

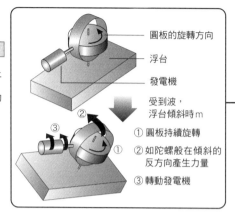

陀螺的性質

旋轉的物體加上傾斜的力量時，就想維持原來的狀態。

圓板的旋轉方向

浮台

發電機

受到波，浮台傾斜時m

① 圓板持續旋轉
② 如陀螺般在傾斜的反方向產生力量
③ 轉動發電機

浮標

圖4.29 「陀螺式」波力發電裝置。

和傳統原理不同的「陀螺式」波力發電裝置，是在2007年由神戶大學的神吉博教授等的研究小組開發出來的。這是利用受到波而傾斜的旋轉圓板想回復原狀的力量轉動發電機的機制，發電效率有傳統的約2倍（圖4.29）。

COLUMN

發電地板

JR東日本，在2006年和2007年進行乘客通過剪票口時因振動引起電的「發電地板」實驗（照片4.A）。發電地板，是在每1平方公尺上鋪設約600個在揚聲器使用的所謂「壓電元件」直徑35mm的電子零件。揚聲器是把電變成振動而發出聲音，但與此相反，是以人踏上時所發生的振動產生電的機制，預估1日可獲得將100W的燈泡點亮約80分鐘的發電量。

照片4.A 發電地板＜照片提供：JR東日本＞

4-12　變電所的任務

從發電廠到變電所

　　使用火力、水力、核能等各種發電廠製作的電，以輸電線輸送到變電所。誠如在發電機的機制（參照4-5項）所提及的，在發電廠製作的電隨著時間可以把電流的方向變化為交流電。決定交流電，是在愛迪生和特斯拉的時代，不過，之所以使用交流電還有另一個理由，就是交流電比直流電容易改變電壓。

變壓的機制

　　圖4.30，是說明使用二個線圈改變電壓大小的變壓機制。該裝置稱為變壓器。有在鐵心上捲導線的二個線圈，左是一次側線圈，右是二次側線圈。

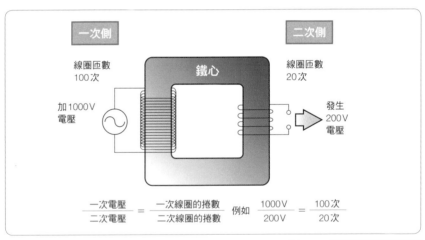

圖4.30　利用變壓器的變壓機制

　　照片4.13，是英國物理學家麥克・法拉第（1791～1867年）所使用的實驗器具。在圓環的左右有捲上線圈，而這些就相當於圖4.30的一次側線圈和二次側線圈。法拉第在二次側線圈上連接驗流計（電流計），發現瞬間連接又分離一次側線圈的電池時，驗流計的針會擺動。由於一直連接著電池時就不會引起這種現象，而讓他想到加上和時間

照片4.13　法拉第自作的線圈　所謂感應環的2個線圈分開纏繞，相當於一次側線圈和二次側線圈（位於倫敦的法拉第博物館）。

一起變化的電流，亦即交流電是很重要的（圖4.30是使用交流電電源的記號來表示）。

　　現在，在一次側線圈上加交流電時，由此所形成的磁力線引起變化，在二次側線圈上發生起電力。

　　這是法拉第發現的電磁誘導，此時一次側線圈的電壓和二次側線圈的電壓之比，是和一次側線圈的匝數與二次側線圈的匝數之比一致（圖4.30）。例如，想把二次側的電壓變成2倍時，就把二次側的匝數變成2倍即可獲得。如此般，使用交流電就容易變壓成所希望的電壓。

為什麼要把高電壓變壓呢？

　　一般家庭用的電源電壓，是100 V或200 V（日本）。可是，發電廠必須把電輸送到遠方，於是製作50萬 V的超高電壓的電。這些的差距非常大，因此必須把高電壓變壓幾次後再輸送。

　　為什麼必須把高電壓變壓幾次後再輸送呢？主要是可以減少輸電途中喪失的電力（電力損失）。電線的材料是鋁合金或銅合金，但這些都具有阻抗。思考阻抗是在導體內的自由電子碰撞到原子時所產生的，此時因摩擦引起發熱。

　　如此般，電能量的一部分變成熱能而喪失的情形，就稱為電力損失。電力損失是依電流的大小成正比，因此，必須盡可能把流通的電

流變小。在此之下，以小的電流輸送相同的電力時，從電力＝電壓 × 電流的式子（參照第6章），即可了解必須把電壓變高的理由。

　　並非將超高壓立即變壓成100 V或200 V，而是經由幾座變電所的變壓器（照片4.14）和電線桿上變壓器（照片4.15），慢慢變壓成需求對象的必要電壓。

照片4.14　變電所的大型變壓器

照片4.15　設置在一般家庭附近的電線桿上變壓器（→部分）

4-13　變電所的工作

幾座的變電所

在發電廠製作的電的電壓是 50 萬 V 或 27 萬 5000 V，首先，在超高壓變電所變電為 27 萬 5000 V 或 15 萬 4000 V。其次，輸送到一次變電所（照片 4.16）下降到 6 萬 6000 V，輸往大規模工廠等就是由此直接輸電。

接著，在中間變電所將電壓下降到 2 萬 2000 V，向中規模的工廠等輸電。然後，為了配電到一般家庭等，在配電用變電所把電壓下降到 6600 V。從發電廠到配電用變電所稱為輸電，其電線稱為輸電線。

從配電用變電所到設置在電線桿上的電線桿上變壓器（前項的照片 4.15），是變壓為 100 V 或 200 V，輸往一般家庭或小規模工廠。來自配電用變電所的電線，稱為配電線。

變電所的各種機器

圖 4.31，是顯示變電所的主要機器。除了變壓器之外，有使用儀器

照片 4.16　發電廠和一次變電所

測定電壓變壓的儀器用變成器。遮斷器，是開閉把電輸往下一個變電所時使用。位於山中變電所的輸電線遭到雷擊時，開關就會打開，但也有把雷的電往地下流通的避雷器。

在變電所，為了下降來自發電廠的高電壓，有如下的機器。

變壓器：把電壓變高、變低的機器。

儀器用變成器：把高電壓變壓到可用儀器測定的低電壓的機器。

遮斷器：開閉輸往下一個變電所的電的機器。位於山中的變電所當輸電線遭到雷擊時，開關就打開。

避雷器：把因打雷的過大的電流往地下。

圖4.31，是一次側的設備為50萬V，二次側的設備是27萬5000V，除此之外的中間變電所或配電用變電所，雖有規模之差，但都擁有相同種類的設備。

除以上之外，還有分路電抗器（ShR）或電力用電容器（SC）等，是整理交流電的電壓和電流的波的調相用機器，控制不傳導電能量的無用的無效電力。

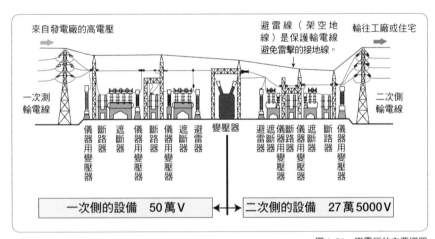

圖4.31 變電所的主要機器

所謂分路電抗器，是使用大型的線圈具有和電力用電容器相反功能的裝置。電壓和電流的波形若是山峰和谷底互不整齊時，就會發生配合其差距無法成為電能消耗的無效電力，而減少可輸電的電力。此外，所謂調相，是指調整無效電力大小之意。

4-14 輸電線和三相交流電

輸電線的材料及其構造

輸電線，在中心是成束的鋼鐵線，然後用鋁線纏繞其周圍的構造。這稱為鋼芯鋁捲線，但是，鐵塔和鐵塔之間的電線是垂垂的，主要是增加拉引強度的構造。電線和鐵塔，是以不通電的磁器或玻璃製造的礙子來絕緣。

鐵塔高度和電壓的關係

以交流電輸電在電壓變高時，會發生所謂電磁（corona）放電的現象。由此發生的電磁波，會對電視或收音機，或通訊機器帶來雜訊等障礙，為了防止此現象，必須把鐵塔搭高，盡量讓輸電線距離地面遠一點。

電是以三相交流電輸電

交流電有單相和三相的2種類。單相交流電，是一般家庭使用的交流電，從電線桿拉出來的交流電是單相交流電。另一方面，三相交流電是使用在從發電廠到電線桿的輸電，是組合三個單相交流電而成的（照片4.17）。

單相交流電的輸電，必須有往返的2條電線。但是，三相交流電可能被認為是組合三個單相的方式而合計需要6條，不過如圖4.32（d）所示僅使用3條電線。看看附近的電線桿上變壓器（照片

照片4.17　輸送三相交流電的輸電線

4.17），可以知道有3條的電線。三相具有比單相輸送更大電力，且電線數只有一半的優點。

三相交流電的機制

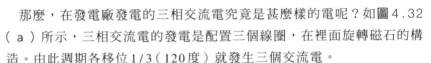

那麼，在發電廠發電的三相交流電究竟是甚麼樣的電呢？如圖4.32（a）所示，三相交流電的發電是配置三個線圈，在裡面旋轉磁石的構造。由此週期各移位1/3（120度）就發生三個交流電。

那麼，在此思考具有對三個相等的負荷供給電力的交流電源E1、E2、E3電路情形（b）。這三個個別的電路，在供給相等值負荷的交流電電壓也是相同時，電流i1、i2、i3也會變成相等。

於是，取出各電壓的波形，調整為如（b）②般各移位1/3週期的波形。

亦即，加上電壓E1超過1/3週期時加上電壓E2，加上E2後超過1/3週期時可加上E3時，就變成如（b）的右側圖表般。這就是三相交流電的波形。

那麼，以下說明為什麼三相的電線數會變少的謎題。改變這三個電路的形狀，變成如（c）①的配線形狀。然後把電源側的0點和負荷側的0'點之間的3條配線彙整為1條時，就變成如（c）②般。如此般，各別的負荷電壓或電流是如（b）一樣，因此彙整為1條的0-0'之間變成三個電流i1和i2和i3合成為一個的電流流通（（c）③）。

在此，從0-0'間流通的電流波形，求i1＋i2＋i3看看。首先，把i1和i2的波形相加描繪i1＋i2時，就變成如（d）①的虛線。剛好進入i1和i2的波形之間，但仔細觀察時，可以了解變成和i3的波形正好相反的相同大小。亦即，i3和i1＋i2的波形大小完全相同，但方向正好相反。在此之下，i1＋i2和i3的波形互相抵消而使電流沒有流通。雖然在（c）的0-0'間有3條電線，但電流完全沒有流動，於是省略這些的電線變成如（d）也無所謂。

單相交流電的輸電需要2條電線，因此開始時認為三相交流電合計需要6條，但最後，就如（d）所示，了解只需要3條電線。如此般，三相交流電可以減少一半的電線數，具有在電線費用或工程費用方面較為經濟的優點。多數的一般家庭，都是使用單相3線式（100V或200V）。

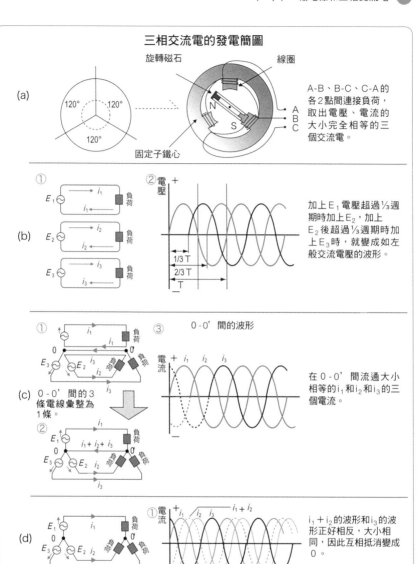

圖 4.32 三相交流電發電的機制和以 3 條電線輸電的理由。

①使用如圖4.32（b）般的3條電線是稱為三相3線式，使用如圖4.32（c）般的4條電線是稱為三相4線式。前者是家庭用（須另定契約），後者是使用在工廠或大廈內的配線上。

②所謂固定子鐵心，是指製作固定電磁石纏繞線圈的心。

4-15 交流電輸電與直流電輸電

交流電輸電與直流電輸電的優點

　　交流電輸電，是因如前項所述的電磁放電問題，電壓越高就越需要高架（圖4.33）。交流電輸電，以相同電力比較時，是比直流電輸電的電流大，因此輸電距離變長時，因電線的阻抗而有電壓下降的缺點。

　　可是，在發電廠製作的電是交流電，因此，為了以直流電輸電必須有從交流電變換成直流電的設備。此外，多數的家電都是使用交流電電源，因此，如果以直流電輸電時也必須要有變換成交流電的設備。為社會性基礎建設的輸電系統，即使重新評估直流電輸電也是無法簡單變更的。

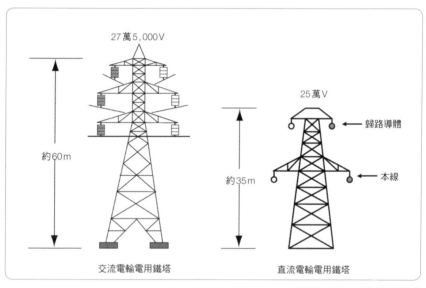

圖4.33　交流電輸電與直流電輸電的鐵塔

①輸電電壓太高時，會有向地上放電的危險性。為了安全輸送50萬V的超高壓電，鐵塔的高度必須有距離地上約80m高，因此只要了解鐵塔的高度，即可推測輸電的電壓。反過來思考，15萬V是約50m，27萬V就是這些的中間高度。
②向沒有發電廠的離島輸電，是使用海底電纜。此外，向富士山的山頂輸電是使用地下電纜。

在部分使用直流電輸電

　　鐵路的電氣化，是從世界之初的電車時就以直流電為標準，或許在車輛的製造成本上比交流電低廉也有影響吧。可是，地上設備方面的成本，是直流電電化高過交流電電化。在日本，連接本州和北海道、本州和四國的海底電纜輸電，是使用直流電輸電。

　　夏季使用大量的電而使發電量變成不足，當發電機的運轉來不及時，就有從附近還有多餘的電的發電廠分電供給的情形。在日本，東日本的3家電力公司是使用50Hz，西日本的6家公司是使用60Hz的頻率，當使用50Hz的關東電力不足時，是無法從使用60Hz的電力公司以交流電直接融通，必須互相變換成直流電向頻率變電所輸電。

受到重新評估的直流電輸電

　　長距離輸電時就希望把電線變細，因此，為了使電流變小以提高電壓，就變成以交流電輸電的理由。為了變換電壓使用變壓器，但這是使用依交流電的法拉第電磁誘導，因此以直流電是不能工作的。可是，僅在變壓時使直流電變成交流電時，改變直流電的電壓即可進行長距離輸電。於是，使用在1985年開發的所謂靜電導體可控矽整流器（thyristor，將直流電變為交流電）實現高度變換效率的半導體元件，啟開實現該方法之道。

電力出售

　　日本的發電或輸電的事業，以前是只有電力公司獲得許可，不過在1996年修訂部分的電氣事業法，允許工廠等自家發電的電賣給電力公司。此外，一般家庭以太陽電池進行太陽光發電（照片4.18）剩餘的電，也可以賣給電力公司，這種方式稱為剩餘電力收購制度。實際

靜電導體可控矽整流器（thyristor），是由發明開發半導體雷射與光二極管聞名的西澤潤一博士（1948年～）開發的。

照片4.18 使用太陽電池的簡單發電裝置

太陽光發電板
為了利用太陽光發電，使用太陽電池板，鋪滿約10cm四方稱為「元件」的薄太陽電池
電力調節器
為了能利用發電的直流電電力變換成交流電電力。此外，控制出售電力和購買電力的切換或整個太陽光發電系統
環境監視器
為了顯示1日的發電電量或過去累積的電量等資訊。換算確認對環境有貢獻的CO_2（二氧化碳）量
斷電器、分電盤
太陽光發電系統專用的斷電器和分電盤
電錶
計量使用電力（購買電力）的儀器和出售電力（剩餘電力）的儀器

表4.2 太陽光發電系統必要的設備

上，太陽光發電受到天候的影響，不足時反而會向電力公司購買。例如太陽光發電系統的情形，必須有如表4.2的設備。

這些設備的設置工程費，是依發電量有所不同，一般家庭用的設備需要數百萬日圓。另一方面，出售剩餘電力的「賣電」，單價會因電量而有差異，例如時段別電燈契約的第1階段（0～80kWh），單價是21日圓（詳細參照各電力公司的剩餘電力收購表）。

數百萬日圓設備費的攤平，有10～20年的試算結果，不過，一旦攤平後，即可實際感受到經濟上的優點。

第 5 章

電與磁的關係

5-1

磁鐵與地球

磁鐵的發現

泰勒斯是在大約 2600 前觀察摩擦電。另一方面，古來就知道磁鐵會吸鐵。在中國的傳說中，有比泰勒斯更早就製作「指南車（圖 5.1）」，聽說，在車上有伸直手臂的人偶經常指著南方。這是所謂教導「指南」用詞的由來，不過在 17 世紀的後半，是以這是因磁鐵作用轉動傳到西歐（現在，則以和磁鐵無關的說法較為有力）。可是，磁鐵指北（或南）的事實，似乎自古即為人所知。

圖 5.1　指南車

地球是巨大的磁鐵

於是，就會提出「為什麼磁鐵會指北？」的質問，對此準備了所謂「因為地球變成磁鐵」的回答。這是大約在 1600 年英國的醫師、物理學家威廉・吉爾伯特（1540～1603 年）所得到的結論。

他製作一個和地球相仿大小的球形磁鐵，調查在其周圍會帶來小磁

吉爾伯特也進行靜電的研究，從表示琥珀的希臘語 elektron 首次使用所謂 electricity（電）的英語用詞。當時，電與磁是同質的論說與異質的論說爭執不下，不過，他依據使用靜電和磁鐵的實驗，得出兩者是異質的結論。其後，在 18 世紀到 19 世紀解明了電與磁的關聯性。

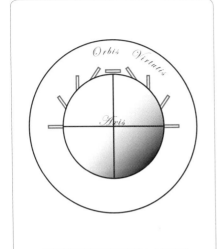

吉爾伯特製作如孩子頭顱大小的球形磁鐵，以及放置在旁邊的小磁鐵的傾斜情形。確認隨著越接近極，傾斜度越大。

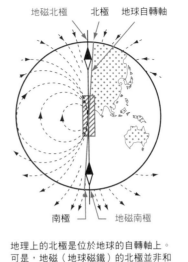

地理上的北極是位於地球的自轉軸上。可是，地磁（地球磁鐵）的北極並非和地理上的北極一致。

圖5.2　吉爾伯特的球形磁鐵實驗　　圖5.3　地磁極與地理性的極　地磁極和地理性的極、磁極都不一致

鐵的狀況。而且，在赤道，小磁鐵在球形磁鐵的表面變成平行，隨著越接近南北極，傾斜就變得越大，圖5.2即表示這情形。

　　當時，認為地磁的北極和南極和地球自轉軸地表交叉的點（地理學上的北極和南極）相一致。另一方面，把小磁鐵變成垂直的地方稱為磁極，把北半球的磁極稱為北磁極、南半球的磁極稱為南磁極。此外，認為地球是球形磁鐵時的極是稱為地磁極，設想在地球的中心有假想性的棒磁鐵，其軸的延長線和地表交叉的點稱為地磁北極、地磁南極（圖5.3）。

　　於是，或許會提出在南極磁針指向何處的刁難質問，但站在南極上，無論面向何處都是在北。在此作簡單的實驗。將棒磁鐵的極慢慢

　　CGS（C：公分、G：公克、S：秒）電磁單位系的磁位（起磁力）的單位吉爾伯特（gilbert，記號：Gb），是源自威廉・吉爾伯特。

靠近磁針的正中央時，磁針會不斷旋轉。但是在南極，磁針不會像這樣指向一定方向，而是變成不斷旋轉的狀態。

地磁的原因迄今仍是謎

地磁的原因解明，從吉爾伯特以來幾乎沒有絲毫的進步，但在1950年代，發電機理論（圖5.4）登場後就有進展了。可是，為什麼地球擁有磁力呢？則仍未完全解明。

dynamo是發電機的意味，圖5.4是從它的動作原理說明地球地磁的模型。地球中心部的核，是隨著地球的自轉而流動，不過，是以鐵為主成分通電的流體。將此視為圖5.4（a）的旋轉金屬原板加上磁場時，會從圓板的外側向內側產生電位差，如①所示，電流從外向內流動。該電流是如②般經過中心的軸，再如③、④所示在線圈狀上旋轉。在圓板的邊緣有⑤的刷子（接點），因此電流是從②、③、④、⑤旋轉線圈，該電流的流動發生新的磁場。為了持續這種發電作用，必須把圓板的旋轉速度定在某特定值，但聽說，以地球規模的發電機來說，就不需要那麼大的旋轉速度。

在地球核的裡面並沒有像這樣的線圈或刷子，不過，在原理上會引起如圓板發電機模型所說明的作用，持續形成地球磁場。

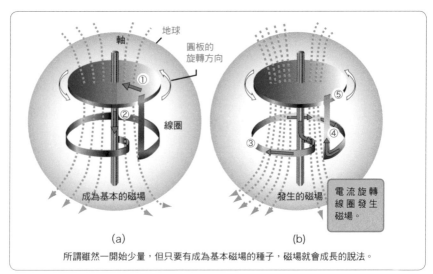

(a) (b)

所謂雖然一開始少量，但只要有成為基本磁場的種子，磁場就會成長的說法。

圖5.4　發電機理論

5-2 # 磁的發現

使用磁鐵的實驗

把各種的金屬靠近磁鐵看看。鐵會附著上去，但是，鋁製的1日圓硬幣就無法附著。日本昭和30（1955）年代沒有洞的50日圓硬幣（鎳）就會附著，但現在的硬幣又是如何呢？

如果想成是在金屬內有如圖5.5般塞滿小磁鐵，就能了解各種的問題。在鐵的裡面，這種小磁鐵的方向是呈現參差不齊的狀態，互相抵消磁力。認為把磁鐵拿靠近時，內部的小磁鐵就會整齊，出現如磁鐵一樣的性質。此外，鋁或銅、鉛等不能變成磁鐵，是因為它們的內部沒有小磁鐵所致。

在實驗上使用的U字形或棒形的磁鐵，被認為是雖然隨著時間的經過，但內部的小磁鐵持續指向相同方向，這被稱為永久磁鐵。

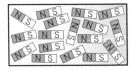

認為鐵的裡面聚集小磁鐵，但方向參差不齊而不能變成磁鐵。

磁鐵讓小磁鐵的方向整齊。把磁鐵靠近鐵，鐵裡面的小磁鐵就會變整齊，出現磁鐵的性質。

圖5.5　鐵裡面的小磁鐵

顯現磁力的磁力線

磁鐵吸住鐵的力量稱為磁力，不過無法用眼睛看出這種情形。顧名思義，永久磁鐵是外表上持續不斷發出能量，但所謂磁力就如重力

 　　N極的N是North（北）、S極的S是South（南）的簡稱。將地球視為磁鐵時，就具有北極是S極、南極是N極的性質。

照片5.1　在棒磁鐵的周圍放置多數的小磁針時，就能想像磁力線

般，只能說在此存在的力量。有正電和負電的作用力也是如此，但是，為什麼磁力會互相吸引、互相排斥的根本性理由，至今仍是未解之謎。

　　或許各位都玩過，在紙面上撒砂鐵，然後在紙的下面抵住磁鐵。此外，使用棒形的磁鐵，即可如照片5.1般想像連結磁鐵的N極和S極的假想線。

　　磁力線，是以線顯現磁力的方向。在磁鐵和砂鐵的實驗上，砂鐵變成沿著N極和S極連結的線所形成的圖案，可將此認為是沿著磁力線。

　　圖5.6是描繪磁力線的例子，其方向是從N極向S極。將二個磁鐵拉靠近時，N極和S極會互相吸引，N極和N極或S極和S極會互相排斥，了解不同的極相靠近時，就會形成如圖5.6般二個磁鐵像是合成為一個的磁力線。

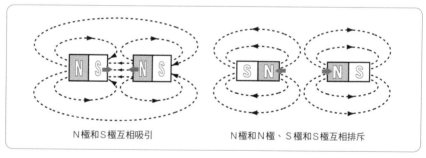

N極和S極互相吸引　　　　　　　　　N極和N極、S極和S極互相排斥

圖5.6　二個磁鐵相靠近時的磁力線

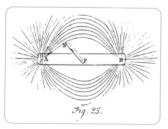

圖5.7　法拉第描繪的磁力線

　　如此般的假想線，是由英國的物理學家麥克‧法拉第（1791～1867年）想出的。未接受正規教育的法拉第，不依賴數式，只是率直的把自己的想法表現出來。

　　他在1832年所畫的素描（圖5.7），仍完好保留至今，該素描的圖案和誰都玩過的在棒磁鐵的周圍砂鐵所描繪的圖案完全一樣。法拉第的磁力線，可整理成如下。

（1）磁力線是從N極出來進入S極。

（2）磁鐵發出對應磁力強度的磁力線。

磁的發現

　　如圖5.8般，即使將棒形的永久磁鐵從正中央剪成二個，也不會變成只有Ｎ極或Ｓ極的磁鐵，而是變成一半長度的磁鐵。繼續下去，最後剩下的磁鐵就如圖5.9般由旋轉原子核周圍的電子形成磁力。電子本身，被認為是以高速旋轉，現在則被認為是以其自轉電流發生磁力。亦即，「以電子的自轉使電流流動時就發生磁力」，這就是最小的磁鐵。

　　一切的物質都擁有原子核和電子。一般的原子，自轉的方向是右轉

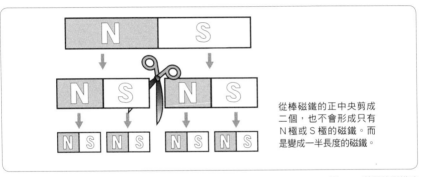

從棒磁鐵的正中央剪成二個，也不會形成只有Ｎ極或Ｓ極的磁鐵。而是變成一半長度的磁鐵。

圖5.8　剪開棒磁鐵時

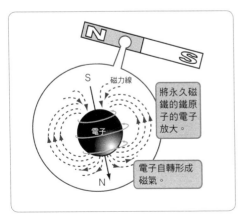

將永久磁鐵的鐵原子的電子放大。

電子自轉形成磁氣。

圖5.9　將永久磁鐵放大來看

和左轉成對的。在此之下，磁氣剛好相抵消而無法變成磁鐵。可是，鐵等的原子有不變成右轉、左轉成對的電子，相減所餘的數字大而變成發生強大磁氣的情形。

　　但是，日本硬幣的材料，1日圓是鋁、10日圓是銅、100日圓是白銅，這些都不會被磁鐵吸附。昔日所使用的（昭

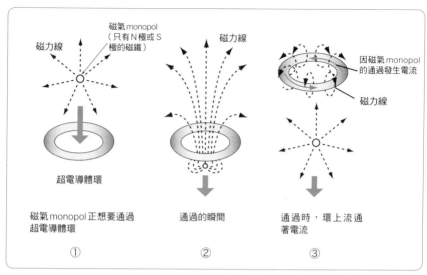

圖5.10　超電導體環

和30（1955）年沒有洞的）50日圓硬幣是使用鎳，就會被吸附在磁鐵上。那麼，為什麼看起來一樣的金屬，有的會被磁鐵吸附，有的卻不會呢？一切的物質，是由最小微粒子原子聚集而成，但是，原子擁有原子核和幾個電子。一般的原子，這些的電子是如圖5.9所示的電子自轉方向是右轉和左轉成對的。在此之下，磁氣剛好相抵消而無法變成磁鐵。可是，鐵等的原子有右轉、左轉不成對的幾個電子，相減所餘的數字大而變成發生強大磁氣的情形。如此般可了解，看起來相同的金屬，其電子自轉的方向比率是因金屬的種類而有不同。可知有具有磁鐵性質和不具有磁鐵性質的金屬之分。

　　並不存在只有N極或S極的磁鐵（磁氣單極子或磁氣monopol），不過，在宇宙的創生期被認為是有存在。如圖5.10所示，認為在沒有電阻的超電導體的環上，有來自宇宙空間的磁氣單極子在等待著。圖5.10的①、②，是磁氣單極子正想著通過，但如②所示在極低溫沒有電阻的超電導體所製作的環上纏繞磁力線時，即使極為少量，一樣可驗出直流電的電流持續流動的機制。有耐性的繼續等待，終有一日或許能捕捉到來自宇宙盡頭的磁氣單極子。

5-3 以電形成磁

磁針在電流附近轉動

　　丹麥的物理學家奧斯特（1777～1851年），在1820年為了使用伏打電池在鐵絲上通電流的實驗作準備。就在此時，附近有方位磁鐵，在想從電池向鐵絲通電流而打開開關的瞬間，發現磁針略有變化而感到驚訝。

　　他認為，這是在鐵絲上通電流時，其周圍形成磁場，以其磁力使磁針擺動所致，於是反覆進行圖5.11所示的實驗，發現因電流使其周圍發生磁力的情形。雖然他沒有對這種現象作充分說明，但是，卻成為之後的電磁學發展的契機。

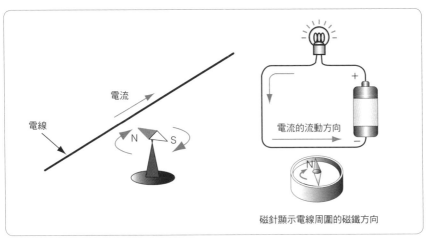

圖5.11　奧斯特進行的實驗　由於在電線上通電流時，磁針會擺動，而發現其周圍發生磁力的情形

安培的右螺絲法則

　　法國物理學家安培（法文讀法Ampere，1775～1836年），依據奧斯

　　CGS（C：公分、G：公克、S：秒）電磁單位系的磁場（磁場）強度單位奧斯特（oersted，記號：Oe），是源自1820年發現電流磁氣作用的漢斯 克里斯蒂安 奧斯特。此外，電流的單位安培（ampere，記號：A），是源自法國物理學家安培。

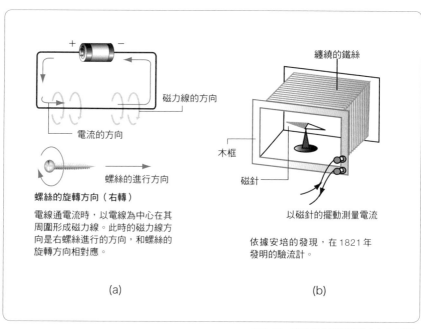

磁力線的方向

電流的方向

螺絲的進行方向

螺絲的旋轉方向（右轉）

電線通電流時，以電線為中心在其周圍形成磁力線。此時的磁力線方向是右螺絲進行的方向，和螺絲的旋轉方向相對應。

(a)

纏繞的鐵絲

木框

磁針

以磁針的擺動測量電流

依據安培的發現，在1821年發明的驗流計。

(b)

圖5.12　安培的右螺絲法則（右手定則）

特的實驗，發現磁針擺動的方向和電流流動的方向有關係。安培的右螺絲法則（右手定則），是如圖5.12（a）所示，在電線通電流時，以電線為中心在其周圍發生磁力線，將電流的方向剛好和螺絲進行的

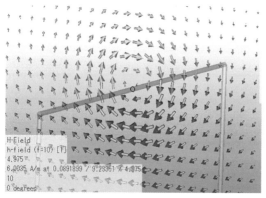

H-Field
h-field (f=10) [T]
4.975
6.0035 A/m at 0.0891899 / 9.28351 / 4.975
10
0 degrees

圖5.13　以電腦操作電磁場摹擬程式解析在電線通電流時形成磁力線的結果。電場摹擬程式，是把由馬可士威導出的有名的「馬可士威方程式」，以電腦計算的程式

方向一致時，螺絲的旋轉方向就變成磁力線的方向。

圖5.13，是使用電腦解析以小箭頭記號表示電線周圍的磁力線，把這些連接起來就變成法拉第的磁力線。現在，磁力線是向右轉，因此從安培的右螺絲法則了解電流是從面前向後面流動。

有幾位發明家在1821年，依據安培的發現製作如圖5.12（b）的驗流計。這是在絕緣體的框框上纏繞鐵絲，通電流時，放置在中央的磁針就會擺動的簡單構造。

製作電磁鐵

在美國的朋友家，就讀小學的他的大兒子很得意地向我說明在理科課上製作的電磁鐵。如圖5.14（a）的工作，似乎是全世界都共通的。

從安培的右螺絲法則，在環狀電流形成的磁力線（圖5.12），是以擁有N極和S極的磁鐵和相同的磁力線即可形成。在捲好幾圈的線圈上通電流時，磁力會變得更強而成為磁鐵。在電流流動的期間發生磁力，因此稱為電磁鐵。

使用把銅線表面以琺瑯絕緣的琺瑯線如圖5.14（a）般纏繞時，從安培的右螺絲法則發生如圖5.14（b）般的磁力線。把線圈鬆鬆的纏繞會在線與線之間露出磁力線，但緊密纏繞時，磁力線會沿著鐵心成束般整齊。磁力線是從N極出來指向S極，因此，這種電磁石的上面是N極，下面是S極。

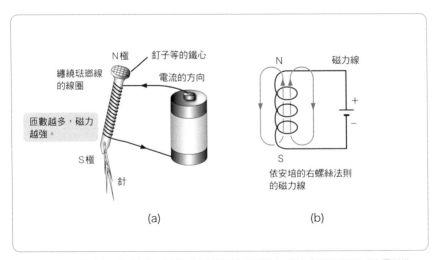

(a)　　　　　　　　　　　　　(b)

圖5.14　在環狀電流上形成磁力線　在捲好幾圈的線圈上通電流時，磁力會變得更強而成為電磁鐵

電所形成的電場和磁場

線圈上通電流時，其周圍會發生磁力，而其磁力影響所及的空間稱為磁場或磁場。該項發現，是奧斯特、安培、法拉第等物理學家在1820～30年擁有確信之下談論的。

此外，在有電（有電位差）的周圍，電力影響所及的空間稱為電場或電場。這種由靜電產生的力，是進行摩擦電實驗的泰勒斯時代就已經知道，但是，使用實驗裝置測定導出公式的是法國的技師庫倫（1736～1806年）。

遠溯歷史，人類在很長時間中都一直認為電和磁沒有關係，但以奧斯特的發現為契機，發展出依電與磁所引起的現象帶有密切關係的研究，即「電磁學」的學問。其後，馬克士威（1831～1879年）將法拉第和安培的研究成果數式化，由此確立今日電磁學的體系。

在前項敘述的電子自轉，是和通電流時相同狀態，因此在其周圍也發生磁力。

依在線圈上流通的電流所形成的磁場，是如圖5.13般，對電流的方向形成右捲。此外，在電流的周圍，不只是磁場，也形成電場。圖5.15是使用電腦解析在火車乘車卡Suica內捲6匝線圈的周圍形成的電場強度的結果。在線圈的旁邊沿著捲線的電場強，但轉角附近的空間，在稍微離開的地方，電場的強弱是細微出現。如此般，電流的流向突然改變時，在其附近的電場和磁場的形成法就變得複雜。

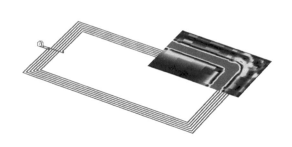

圖5.15 使用電腦解析在Suica內的線圈周圍形成的電場強度的結果
使用Sonnet（http://www.sonnetsoftware.com/ 或 http://www.sonnetsoftware.co.jp/）

5-4

以磁形成電

活動磁鐵就形成電

前項已闡述，線圈上通電流就發生磁力。那麼，相反的，使用線圈和磁鐵是否會發生電呢？英國物理學家麥克 · 法拉第（1791～1867年）就是進行這樣的實驗。

如圖5.16所示，他把棒磁鐵在線圈內出入，使用對些微的電流就有

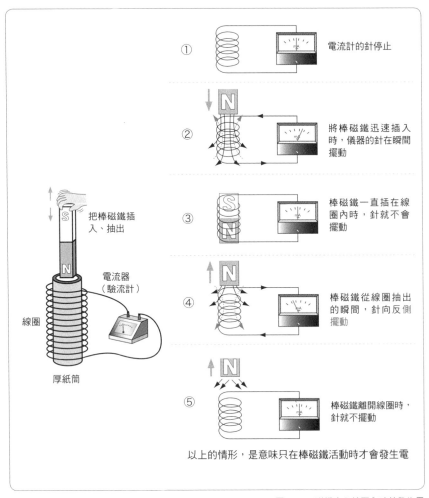

圖5.16 磁鐵出入線圈內時就發生電

照片5.3　法拉第自己做的實驗器具（在倫敦的法拉第博物館）

照片5.2　Galvanometer（電流器）〈照片提供：株式會社Riten〉

反應的所謂Galvanometer（電流器，照片5.2）的驗流計，確認發生電的情形。Galvanometer的名稱，是源自義大利物理學家伽佛尼，然其機制是以可動線圈形的電流器，現在也是如此稱呼。儀器在沒有通電流時，針是在正中央，但只要有一點點的電流流通，針會依其方向向右或向左擺動。圖5.16的①是棒磁鐵離開線圈，電流計就在正中央停止。②是棒磁鐵迅速插入線圈內，在此瞬間儀器的針擺動。可是，針又立即回到原來位置停止。接著，在④把棒磁鐵從線圈抽出時，其瞬間針向反側擺動後，又馬上回到中央。

已經了解在任何情形下，棒磁鐵出入的瞬間，在線圈會發生電壓使電流流通，這次就盡可能讓棒磁鐵快速出入來看看情形。結果，儀器的針，比先前更大幅度向左右擺動。迅速活動手，其運動能量以線圈和磁鐵變成電的能量。

照片5.3左，是法拉第自己做的實驗器具，可能是使用這種手捲的線圈進行發電的實驗。

再看一次圖5.16，在②把磁鐵靠近線圈時，線圈內的磁力線就增加。此時，在線圈上發生如抵銷該磁力線的磁力線使電流流通，稱為誘導電流。

其次，在④把棒磁鐵從線圈抽出時，磁力線會減少，於是想增加磁

　　Galvanometer（電流器），是驗出、測定電流的儀器。配合可動線圈（附在指針上的小型旋轉線圈）流動的電流，指針旋轉以顯示測定量。

力線而在線圈上發生和先前相反方向的磁力，流通反方向的誘導電流。

像這樣「想讓線圈中的磁力發生變化製作和其相反的磁力線圈而產生電」這種現象稱電磁誘導，由法拉第的實驗首次被發現。

受法拉第推崇的馬克士威，將這個發現發展開來，沒有線圈只要有磁場（磁場），使其發生變化就能產生電場（電場），而導出了有名的馬克士威電磁方程式。

沒有交流就不會發生電

在線圈上發生電，是只在磁鐵活動時才會發生。即使是具有強大磁力的磁鐵，在線圈內靜止不動就不會發生電。

在法拉第的時代，因為是作為實驗裝置的電源使用萊頓瓶或伏打的電堆，因此這些都是直流電電源。

於是，聽說當時的物理學家們在變壓器的實驗，都專心一意進行使直流電電源的電壓變得更高的事情上。法拉第並未看漏唯有裝上或取出電池的瞬間，亦即只有交流電時電流器才會動（圖5.17）。

電磁誘導的原理，是其後裝置在渦輪機旋轉磁鐵而應用在現在的發電機上，因此，我們必須感謝法拉第教導平時使用的電的作法。

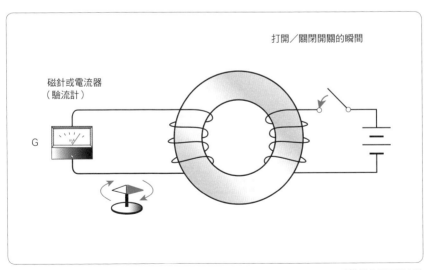

圖5.17 法拉第的變壓器實驗

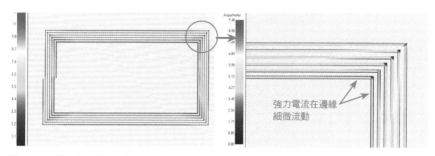

強力電流在邊緣
細微流動

圖5.18　以電腦操作電磁場摹擬程式解析在Suica的線圈上通電流的結果
使用Sonnet（http://www.sonnetsoftware.com/ 或 http://www.sonnetsoftware.co.jp/）

　　為一般人所熟悉的另一個應用例，就是以Suica為首的火車乘車卡或作為Edy等電子錢包利用的非接觸型IC卡。

　　圖5.18（左），是以電腦解析在Suica捲6圈的線圈上流通電流的結果。放大配線表面時，如圖5.18（右）所示的強大電流，是偏向沿著配線的邊緣。依捲線有強大電流靠內側場所和靠外側場所的差異，但這是由6條配線所形成的磁力線，依場所會互相抵銷或互相加強，很複雜地互相影響所致。

　　圖5.19（上），是以電腦解析讀卡器讀取Suica時的結果。上側的卡是Suica，下側是設想以讀卡器讀取資料。二者都有線圈，在讀卡器通電流時，就如圖般發生磁場。上側的IC卡是只有隔著空間在讀卡器的附近而已，但讀卡器的磁場，是如圖5.19（中）、（下）所示馬上變強穿過Suica的線圈，依據法拉第的電磁誘導，雖未連接電線，但在IC卡上也會發生電。

　　磁場是從（上）、（中）、（下）變化慢慢變弱到０之後，向反方向變強。讀卡器，是使用13.56MHz（1秒間1356萬次）的交流電，比在圖5.16的實驗出入棒磁鐵時更快速改變方向。

　　小箭頭是表示磁場的分布，把這些連接起來就變成磁力線。這種磁力線，是加在讀卡器的電能變成磁場成為電磁能在Suica的線圈上發生起電力，這也是拜法拉第之賜。IC是使用在電磁誘導所發生的電產生作用，因此即使沒有內建電池也可以和讀卡器通訊。

　　此外，附在電線桿上的變壓器也是來自發電廠的配電線是連接一次線圈，家庭的配線是連接二次線圈，因此這是使用50Hz或60Hz交流

電的電磁誘導應用例之一。變壓器的內部，和法拉第自己製作的線圈
（照片5.3）幾乎是相同構造。

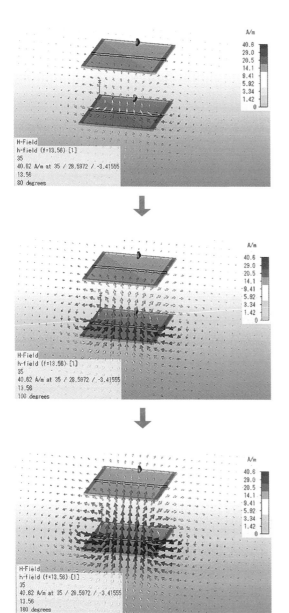

圖5.19　使用電磁場模擬程式
CST Microwave Studio（http://
www.cst.com/），解析Suica和
讀卡器動作的結果。依（上）、
（中）、（下）時間的進行，在讀卡
器上發生的磁場變強，磁力線貫穿
Suica的線圈

5-5 位於磁鐵附近的電線

以電和磁產生力

　　圖 5.20，是使用 U 字形磁鐵和鐵絲製作的電鞦韆。彎曲鐵絲的鞦韆，是用木製的框等水平支撐粗鐵絲掛起來就可以擺動。鞦韆雖是靜止，但連接電池時，鞦韆就會向某一方擺動。於是，將電池連接在相反方向時，可看出向和先前相反的方向擺動。如此般，在磁鐵的附近有電線，然後在電線上通電流時，電線就會產生力，這是為甚麼呢？

　　這主要是在電線上通電流時發生的旋轉磁場和 U 字形的磁鐵磁場合起來，在電線的前方彼此是相反方向而互相抵消，在電線的後面是互相加強所致。亦即，電線後面的磁場變密，前面的磁場變疏，因此以圖 5.20 的方式連接電池時，電鞦韆就會向前方擺動。那麼，如何能猜中鞦韆擺動的方向呢？

　　筆者就讀國中就馬上參加理科社團，全員決定報考業餘無線電技士的國家考試。此時受到前輩的特訓，首先記憶的佛萊明左手定則。

　　如圖 5.20 般，和電磁誘導相反在磁場內插入通電流的導線時，就如

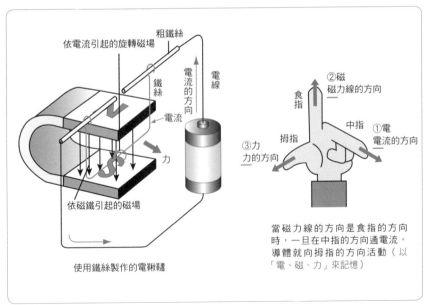

依電流引起的旋轉磁場　　粗鐵絲

電流的方向　　電線

鐵絲

電流

依磁鐵引起的磁場

力

使用鐵絲製作的電鞦韆

②磁　磁力線的方向

食指

中指

①電　電流的方向

③力　力的方向

拇指

當磁力線的方向是食指的方向時，一旦在中指的方向通電流，導體就向拇指的方向活動（以「電、磁、力」來記憶）

圖5.20　佛萊明左手定則

圖的箭頭所示，產生向前方擺動的力（稱為羅倫茲力）。而在電線上產生力的方向，是對磁場（磁力線）的方向和電流的方向成為直角。為了記憶如此現象所研究出的是，佛萊明左手定則。如圖5.20所示，「將左手的拇指、食指、中指彼此成直角彎曲，以中指表示電流的方向、食指表示磁力線的方向時，在拇指的方向就會產生力」。前輩告誡一定會出現在考題上，務必依照「電、磁、力」的順序暗記在心，大家就如誦經般背誦。

在磁場內活動導線就會產生起電力

如圖5.21般，在磁場內活動導線時，導線就會產生起電力，流通電流。同圖，把導線向前方活動時，因為前方側的磁力線會減少，於是想增加在前項電磁誘導所說明的磁力線之下，便流通誘導電流。磁力線的方向、活動導線的方向、起電力的方向，彼此成為直角。這是佛萊明右手定則，「將右手的拇指、食指、中指彼此成直角彎曲，以拇指表示導線活動的方向、食指表示磁場的方向時，在中指的方向就會發生起電力」。依照「運、磁、力」的順序暗記在心。

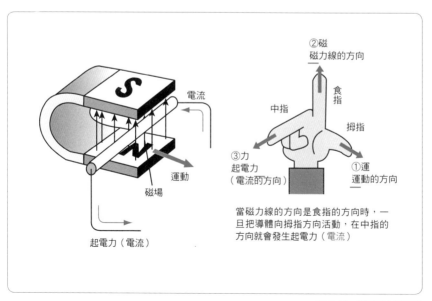

圖5.21　佛萊明右手定則

5-6　磁的利用

直流電馬達的機制

（應用佛萊明左手定則）

　　左手定則是為了說明羅倫茲力所使用的，而圖5.22的直流電馬達就是利用這種力。在使用永久磁鐵的磁場內放置圈狀（封閉）的線圈通上電流時，就會從磁場獲得力而在線圈上產生羅倫茲力。線圈，是以這種力持續旋轉，因此在線圈上裝置軸的就是馬達。電源是直流電，因此稱為直流電馬達。

　　線圈旋轉的方向，如圖5.22所示，依據佛萊明左手定則（慣用右手的人是以「馬達是只要打開開關就啟動，因此左手也能做」記憶）。

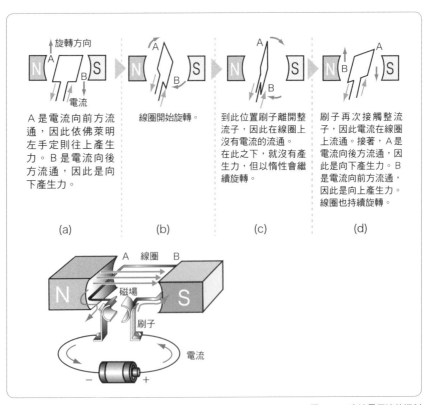

A是電流向前方流通，因此依佛萊明左手定則往上產生力。B是電流向後方流通，因此是向下產生力。

(a)

線圈開始旋轉。

(b)

到此位置刷子離開整流子，因此在線圈上沒有電流的流通。
在此之下，就沒有產生力，但以惰性會繼續旋轉。

(c)

刷子再次接觸整流子，因此電流在線圈上流通。接著，A是電流向後方流通，因此是向下產生力。B是電流向前方流通，因此是向上產生力。線圈也持續旋轉。

(d)

圖5.22　直流電馬達的機制

交流電馬達的機制

（應用佛萊明右手定則）

交流電馬達是以怎樣的機制啟動呢？在此就做如圖5.23（a）般的實驗看看。使用銅板製作圓盤，在中央裝置螺絲用線懸吊起來。接著，以U字形磁鐵夾著這個圓盤時，銅不會被吸附在磁鐵上，因此圓盤不會動。然後邊注意磁鐵不要接觸圓盤，邊把磁鐵向圖示的方向快速移動時，圓盤就會稍微慢一點隨著磁鐵開始動。這是法國數學家且是物理學家的阿拉戈（1786～1853年），在1824年發現旋轉磁氣的現象，而將此實驗裝置稱為阿拉戈的旋轉盤。

圖5.23（b）是有關交流電馬達機制的說明，顧名思義，電源是使用交流電。把圖的U字形磁鐵沿著導體圓盤旋轉時，依電磁誘導在導體內發生誘導電流（稱為渦電流）產生力而使導體圓盤移動。

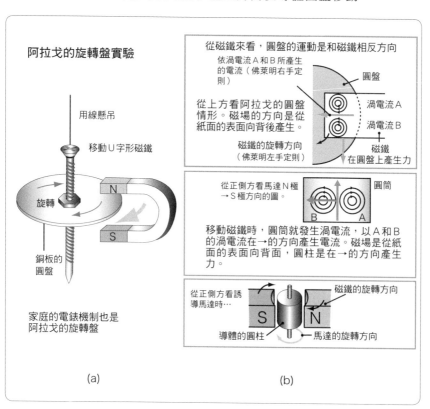

圖5.23　交流電馬達的機制

　　這是表現動作原理的圖，因此旋轉磁鐵本身。可是，實際的交流電馬達是利用以磁鐵的移動所形成的旋轉磁場即可，因此，利用以交流電所發生的磁場，即使磁鐵不動也會發生旋轉的磁場。

　　在錢包手機內，設有乘車卡Suica等所使用的線圈。不過，在線圈的附近有金屬板，因此還是會發生誘導電流。

　　圖5.24，是用電腦解析這種線圈附近電磁場的結果。誘導電流會發生妨礙線圈所形成的磁場的其他磁場，因此，實際上的錢包手機是在線圈和金屬板之間鋪有薄的墊子。這個墊子是由鐵的一種鐵酸鹽（ferrite）等做成的，當線圈所形成的磁力線穿過這個薄墊子，就能穩定通訊了。

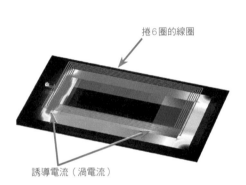

捲6圈的線圈

誘導電流（渦電流）

圖5.24　在錢包手機內，設有乘車卡Suica等所使用的線圈，但在其正下方的金屬板上發生誘導電流（渦電流）。使用電腦解析的結果，越深的部分，電流越強
使用Sonnet（http://www.sonnetsoftware.com/ 或 http://www.sonnetsoftware.co.jp/）

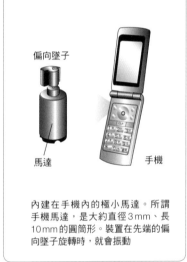

偏向墜子

馬達　　　　　手機

內建在手機內的極小馬達。所謂手機馬達，是大約直徑3mm、長10mm的圓筒形。裝置在先端的偏向墜子旋轉時，就會振動

圖5.25　手機的振動，是因附有「偏向墜子」的馬達轉動所引起

　　馬達，是使用在多數的家電製品上。手機的振動程式，是附在極小馬達上的偏向墜子旋轉時，就會引起振動（圖5.25）。

5-7　超電導　磁浮列車

超電導現象

所謂超電導現象，是指物質的溫度達到某溫度（臨界溫度：例如鉍（Bi）達到約110°K（−163℃））以下時，電阻會急劇變小的現象。溫度繼續下降時電阻會變0，稱為超電導狀態。

因為沒有電阻就不會發生焦耳熱。於是，利用在輸電線上沒有損失狀態下進行遠距離輸電，但是，以接近絕對零度（−273℃）實現的低溫超電導體，必須使用高價的液體氦來冷卻，以致用途受到限制。

電阻，是導體內的原子振動妨礙電子的移動而發生，但是，出現超電導現象則是接近絕對零度時原子核的振動停止，電子不受阻礙下能在導體內前進所致。

可是，要把溫度降低到接近絕對零度卻有困難，於是正進行高溫超電導體的開發。臨界溫度，因低溫超電導和高溫超電導而有很大差異。雖然說是高溫超電導，但也接近−173℃，這是能以廉價的液體氮變成超電導。

磁浮列車

應用超電導現象的裝置有超電導磁鐵。磁浮列車（照片5.4）是沒有車輪以飄浮在空中的狀態移動，因此沒有和鐵軌的摩擦。在此之下，振動變少可高速化，期待成為取代新幹線的高速鐵路。

照片5.4　利用超電導行駛的磁浮列車

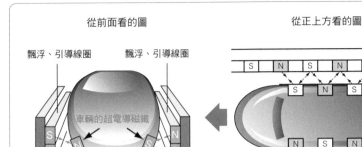

	從前面看的圖	從正上方看的圖

飄浮、引導線圈　　飄浮、引導線圈

車輛的超電導磁鐵

車輛的超電導磁鐵通過時，在地上的飄浮、引導線圈上就流通電流而變成電磁鐵，發生把車輛往上推和拉上的力量而飄浮。

（a）　飄浮的機制

在地上的推進線圈通電流時，便發生N極和S極，和車輛的超電導磁鐵之間，以N極和S極互相拉引的力量，以及N極彼此間、S極彼此間的相斥力使車輛行進。

（b）　推進的機制

圖5.26　磁浮列車的超傳導線圈。

　　以磁氣的力量使車體飄浮，而在此磁氣飄浮上則是使用超電導線圈。車輛的超電導磁鐵在高速通過時，會對位於地上的飄浮線圈和引導線圈因電磁誘導而使電流流通。在此之下，飄浮線圈和引導線圈就變成電磁鐵，而發生把車輛往上推的力量和回復中央的力量的機制（圖5.26）。

　　中國的上海，從浦東國際機場約30km行駛7分鐘的上海磁浮列車已實用化。在2006年開始營業，但同年8月發生車輛火災，由於當初是按照德國的技術鋪設，因此中國正在開發利用不同的永久磁鐵獨自技術的磁浮列車。

　　日本的磁浮列車，是從昭和37年（1962年）開始研究，在平成11年（1999年）達成有人行駛的世界紀錄（581km），正引頸企盼實用化。

第6章

電的測量

6-1　測量直流電電壓

了解電位的方法

　　有關電位，在第 3 章曾以水位的概念作說明。電位差的情形就稱為電壓，有測定其大小的電位差儀器。測量電壓時可能會想只要使用數位測量計即可，但在此卻使用別的方法。

　　圖 6.1，是為了了解電位的裝置。旋轉左側的電源鈕，就會變成刻度上所顯示的電壓。此外，右側是接下來想要測定的電壓，使用一段時間後的電池。在兩者之間有驗流計（電流器）。

　　在此，將電位以水庫的水位來思考。左側的電位（水位）比右側的電位（水位）低時，電流就從右側流向左側，此時驗流計會從中央位置向某一方擺動。反之，左側的電位比右側的電位高時，驗流計就和先前的不同是向反側擺動。於是，慢慢旋轉左側的電源鈕時，在某處驗流計的針就停止在中央。此時左右的電位（水位）變成相等而使電流（水流）不再流通，因此左側顯示的電源刻度，就是想要測定的電池的電位（電壓）值。

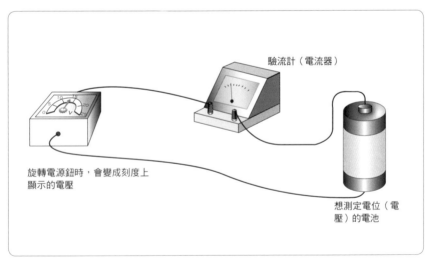

驗流計（電流器）

旋轉電源鈕時，會變成刻度上
顯示的電壓

想測定電位（電
壓）的電池

圖 6.1　了解電位的方法　假設左側是可變電壓、右側是想測定的電壓。改變可變電壓，當驗流計的針在中央（電流 0 的位置）時的可變電壓值，就是想知道的電壓

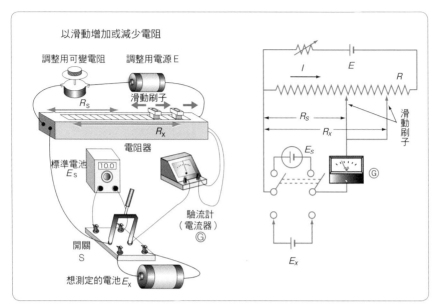

圖6.2　了解電壓的更具體性測定電壓裝置及其電路圖（注：鋸齒線表示電阻器，箭頭表示可變）

測定的機制

　　圖6.2，是表示更具體性測定電壓裝置及其電路圖。R 是精密的電阻器，流通一定的電流 I。此外，E_s 是所謂的標準電池，可獲得正確值的電池。由於這是想測定的電位基準的電池，因此，如市售的乾電池沒有保證正確的 1.5 V 電池就不能使用。

　　那麼，在測定電壓上，以前述的方法把開關 S 設在標準電池 E_s 側，再移動電阻器的滑動刷，使驗流計ⓖ的電流變成 0 時，讀取電阻之值作為 R_s。

　　其次，將開關 S 定在想測定的 E_x 側，同樣把電流變成 0 時的電阻作為 R_x 時，以 E_s 乘以 R_x 和 R_s 之比，即可獲得電壓 E_x。

　　以下列的公式求想測定的電壓 Ex，

$$E_x = E_s \frac{R_x}{R_s}$$

何謂標準電池

為了正確測量電壓，必須有圖6.2的標準電池E_s。因為沒有正好1.5 V電壓的乾電池，因此不能使用乾電池作為電壓的基準。於是，E_s是使用可獲得正確電壓的特別精密電壓發生裝置。昔日，為了獲得正確的電壓使用鎘標準電池。這是威思東（1850～1936年）在1884年開始開發的電池，為了獲得以化學反應所發生的電壓，於是依氣溫使反應速度變化，電壓也隨之變化。這種鎘標準電池規定在攝氏20度時是1.01864 V。

何謂絕對單位

標準電池的電壓單位是被視為Vabs（絕對伏特）。終於在1908年召開國際性統一電氣單位的會議，在此決定的是國際安培和國際歐姆。但是，經過還不到40年測定法已有長足進步，了解和電磁學的理論不合，於是登場的是絕對伏特或絕對安培。

所謂V（伏特）的單位

電壓的單位是V（伏特），但仔細思考即知，以伏特表現的量，是以電位、電壓、起電力的3種類分別使用。

首先，電位也稱為電位差，帶正電荷和負電荷時，或者把帶正電物體所持有的能量以山的高度來譬喻。

其次，電壓相當於通電的力量。因此，電壓是以在線路上通電流為前提。另一方面，所謂電位的用詞，是即使沒有線路，但只要有帶電的物體即可使用，因此在某場所和另一場所之間，即指空間的情形亦可使用。最後是起電力，這是電池等的電源發生的電壓。使用測試器測定新的1.5 V的乾電池時，例如有比所謂1.6 V發生更大電壓的情形。此時，這個乾電池的起電力就是1.6 V。

絕對安培，是「在真空中各別通過以1公尺的間隔平行放置無限小的圓形剖面2條，無限長的直線狀導體，在其導體長1公尺處互相帶來2×10^{-7}牛頓的力，以一定電流的大小作為1安培」。此外，絕對伏特是「在流通1安培電流的導體2點間所消耗的電力為1瓦時，這些的2點間的電壓為1伏特」。

6-2 測量直流電電流

何謂安培計

測量電流大小的儀器有電流計。英文是Ampere meter或略稱Ammeter（安培計）。如照片6.1（左）的外觀，是以刻度讀取儀器指針的擺動。

照片6.1 直流電電流計的外觀（左）及其內部

為了測量在圖6.3電路上流通的電流大小，必須把流通的電流引入安培計內。為此，如圖般切開電路將安培計「串聯連接在電路上」。

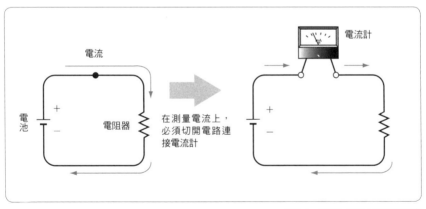

圖6.3 了解在電路上流通的電流

圖6.4是表示內部的構造，也稱為可動線圈形儀器。圖6.4（a）是在主要零件以N、S表示永久磁鐵之間放置圓柱形的軟鐵心，在其間插入捲在長方形框上的可動線圈。指針是設置在可動線圈上，因此指針

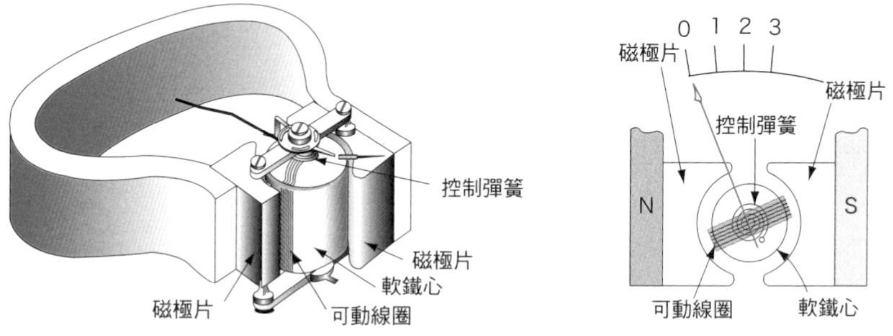

（a）可動線圈的裝置法　　　（b）主要的零件

圖6.4　構成可動線圈形安培計的零件

也會旋轉。在此旋轉的角度是和電流的大小成正比，因此透過刻度即可讀取電流值。

可動線圈形安培計的機制

　　圖6.4的可動線圈形安培計，是在位於永久磁鐵內的可動線圈上通想測量的電流。可動線圈，因為是在以永久磁鐵發生的磁場內，因此依佛萊明左手定則的力在可動線圈上發生旋轉力而使指針旋轉。

　　隨著可動線圈的旋轉，控制彈簧被捲入在可動線圈上產生旋轉力，和在控制彈簧產生的力在對稱位置靜止，不過，該位置是和流通於可動線圈的電流成正比。在此之下會在等分刻度上出現，因此在測量高精度的標準值之後再等分，即可作出高精度的儀器。

　　可動線圈的電流計，可以高精度又穩定測定，因此被視為標準計器。此外，驗流計（galvanometer電流器）也是相同構造。

　　Galvanometer的名稱，在現在已被廣泛使用，這是源於義大利物理學家伽伐尼（1737～1798年）而來的。他發現用手術刀接觸青蛙的腿就會發生電，其後，伏打發現以不同種類的金屬可作出電。

6-3　何謂歐姆定律

妨礙電流的電阻

　　為了點亮小燈泡，將燈泡連接在電池的正極和負極之間。這主要是因為在電池內部發生的電位差，電子從負極移動到正極所致。可以長時間持續點亮小燈泡，但是，如果沒有小燈泡而只有導線的情形，又是如何呢？這是電源的短路，會有大量的電流通在導線上。

　　如果有小燈泡，移動的電子會留下一定的量。被認為這是以小燈泡的燈絲抑制電子移動的量所致，這被稱為電阻，但是，只有導線的情形，導線本身也有些許的電阻，因此，不可能有電池的電壓在瞬間消失的情形。

電阻的真相

　　圖 6.5，是表示電流流動時的導線內部。在導線加電壓時，自由電子受到一定的力之下進行等加速度運動。以圖表現這種情形時，如圖向右上升的實線，電子隨著移動，電子的速度越增加。但是，持續加電壓，電流和時間沒有關係都是保持一定，因此，電子不是以等加速度運動，而是持續以等速度運動。

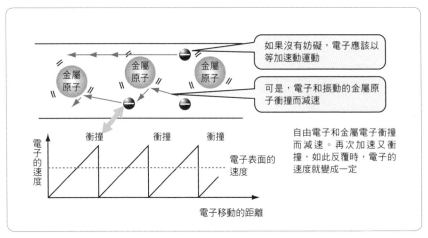

圖6.5　電流流通時的導線內部狀況

這問題可作如下般的思考。金屬內存在妨礙電子運動的物質，如圖所示，電子雖被加速但也立即和某某衝撞而減速，再次被加速又衝撞，如此般反覆之下，平均看來外表上的速度是一定。在此，電子衝撞「甚麼」才是電阻的真相，而有一群物理學家發現這是金屬原子的振動。

所有的金屬，隨著溫度的下降，電阻值也跟著降低。溫度的真相，原本是因金屬原子或分子的振動使然，這稱為格子振動。在此之下，以某種溫度構成金屬的格子（金屬離子的排列）是經常振動。金屬的格子是帶正電，當格子以熱運動振動，就會妨礙帶負電的電子移動。而且，這種振動會隨著溫度變大，電阻也隨著溫度上升而變大。

電阻的串聯連接和並聯連接

均一的物體，無論任何的形狀，只要體積相同，質量就不變。可是，導體的電阻即使體積相同，但細長的、粗的，其值都不相同。長條導體的電阻變大，反之，粗導體的電阻就變小。

把有電阻的導體串聯連接時，就像是把導體變細長一樣。如圖6.6所示，水位（電壓）相同時，細長河流的傾斜緩和而不易流動。此外，在長導體移動的電子和原子振動衝撞的機會增加，電阻就變大。另一方面，導體並聯連接時，就像是把導體變粗一樣。河流的寬度變寬水量就增加，流動也變快。

如圖6.6（a）般，將電阻串聯連接時的合成電阻R，是各個電阻之合，

$$R = R_1 + R_2 + R_3$$

此外，將電阻並聯連接時，是各個電阻的逆數之合，即合成電阻的逆數，

$$\frac{1}{R} = \frac{1}{R_a} + \frac{1}{R_b} + \frac{1}{R_c}$$

該式子可以改寫成，

$$R = \frac{1}{\left(\frac{1}{R_a} + \frac{1}{R_b} + \frac{1}{R_c} \right)}$$

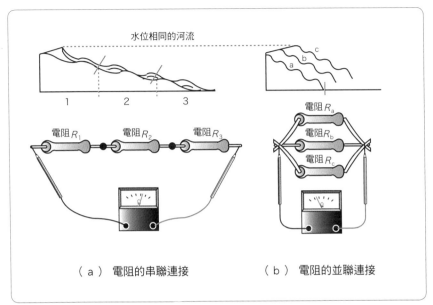

（a） 電阻的串聯連接　　　（b） 電阻的並聯連接

圖6.6　電阻的串聯連接和並聯連接

因此，例如將 30 Ω 三個並聯連接時的合成電阻 R 是，

$$R = \frac{1}{\left(\dfrac{1}{30} + \dfrac{1}{30} + \dfrac{1}{30}\right)} = \frac{1}{\dfrac{1}{10}} = \frac{10}{1} = 10\,\Omega$$

此外，電阻 n 個時，可如下計算。

串聯連接　　$R = R_1 + R_2 + R_3 + \cdots + R_n$

並聯連接　　$\dfrac{1}{R} = \dfrac{1}{R_a} + \dfrac{1}{R_b} + \dfrac{1}{R_c} + \cdots + \dfrac{1}{R_n}$

歐姆定律的登場

　　第 3 章曾以水流說明電流。雖具有相同能力的幫浦（電池），但水管（導線）越粗流動的水就越多。與此相同，連接小燈泡和電池的導線越粗，流通的電流就越大。因此，導線的粗細被認為是電阻，電阻越大，電流就越小。

電阻相同（水管的粗度相同）時，電壓越高（幫浦力強），電流就越大（流動的水變多）。於是，以式子表示這種關係就變成如下情形，

$$電流I[\text{A}] = \frac{電壓E[\text{V}]}{阻抗R[\Omega]}$$

〔　〕內是表示各別的單位A（安培）、V（伏特）、Ω（歐姆）。

將這些隨著電壓變形時，就變成如下，

$$電壓E = 電流\,I \times 電阻R$$

這是表示和在電阻上流動的電流成正比所發生的電壓（R是比例定數）。

該定律是由德國物理學家歐姆（1789～1854年）發現的，而被稱為歐姆定律。

圖6.7所示，是暗記歐姆定律的方法之一。

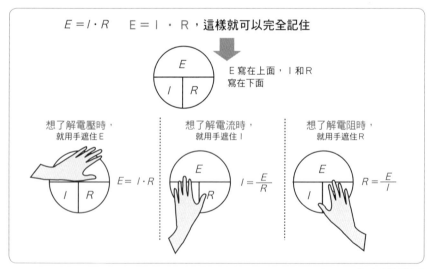

圖6.7　歐姆定律的記憶法

電池有內部電阻

在電池的內部，存在電池本身就有的內部電阻。這並非在電路上使用的電阻器，而是構成電池的物質所具有的電阻。現在，將該值設定為 r、起電力為 E、所連接的負荷為 R、流通的電流為 I 時，以下的關係就成立，

$$E = I \times r + I \times R$$

內部電阻，是依電池的種類而有差異，其中以錳電池的內部電阻較大而有名。此外，電池的內部電阻，一般說來大型的電池較小，因此，1 號比 5 號的內部電阻小。另外，鎳鎘電池的內部電阻小，因此都使用在需要大電流的作業機械等電源上。

例如，在起電力 9 V 的電池上連接 9 Ω 的電阻時，如果沒有內部電阻，電流會以 1 A 流通。可是，如果內部電阻有 1 Ω 時，電流就變成 0.9 A，電池兩極間的電位差變成 8.1 V。如此般，起電力和電位差也有不同的情形，因此雖然以相同伏特的單位表示，但也要多留意使用法。

電線的連接鬆弛時就發熱

電氣器具的插座，幾乎都是塑膠製一體成型。可是，以螺絲固定的舊型插座，打開時裡面常有固定電線的螺絲鬆弛的情形。像這樣的情形，插座會發熱而有發生起火事故之虞，因此，必須把螺絲拴緊。電線的連接不完全，接觸面就變小，電流就在此集中而產生所謂接觸電阻的一種電阻。插座一旦積塵或表面生鏽，電流的流通就會變差，大電流在此部分流通時，接觸電阻就變大而發熱。

此外，拔掉插座時，如果拉扯電源線使電線變成撚線而漸漸斷線，剩餘的細電線上流動大電流而成為發熱的原因，務必留意插座的使用。

 表示電阻的單位歐姆（ohm，記號：Ω），是源自德國物理學家格奧爾格 歐姆。

6-4　交流電的測量

在交流電上使用直流電用的安培計時…

　　為了測量交流電的電流，如果直接使用在 6-2 項的直流電用可動線圈形安培計時，指針幾乎是不會擺動。為甚麼呢？

　　直流電用安培計的可動線圈，是位於依永久磁鐵所發生的磁場內，依佛萊明左手定則所引起的力使可動線圈產生旋轉力，而使指針旋轉。儀器的刻度左端是電流 0，指針越向右擺動，電流值就越強。在此之下，使指針能夠向右擺動之下連接直流電的正極和負極。

　　另一方面，交流電的正極和負極，會隨著時間的經過發生變化。圖 6.8，是表示在第 3 章說明的交流電的電壓或電流變化的圖表，看看這圖表，正時指針是向右擺動，負時就向左擺動。可是，有指針的可動部，是以控制彈簧的回復力慢慢擺動，因此如果想擺動指針的力量方向是以各半週期迅速變化時，指針的擺動會趕不上這種變化的速度，而使指針幾乎不擺動。於是，交流電用的必須要有另外機制的儀器。

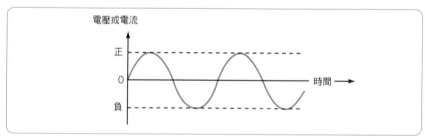

圖6.8　交流電的電壓或電流的時間變化

可動鐵片形安培計的機制

　　為圖 6.9（a），是表示使用在交流電用的可動鐵片形安培計的構造。在固定線圈內有固定鐵片和可動鐵片，當線圈通電流時，線圈內就發生和電流大小成正比的磁場。

　　圖 6.9（b），是說明位於磁場場所的鐵片被磁化的原理。當線圈通電流時，和在鐵棒上捲線圈的電磁鐵相同，各別的鐵片就被磁化在如圖式的極上。而且，固定鐵片和可動鐵片的極性相同，因此會互相排

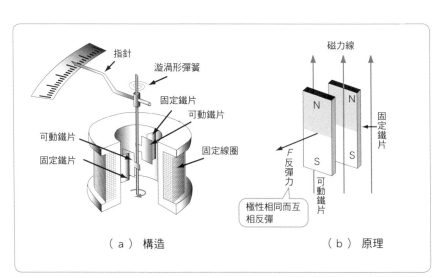

圖6.9　使用在交流電用的可動鐵片形安培計的構造及其動作原理

斥。固定鐵片不會動，因此依據該排斥力旋轉附有可動鐵片的軸，附在軸上的指針也配合排斥力的強度而擺動。

在此需注意的是，電流的方向改變，形成和圖6.9（b）相反的磁力線時，兩方鐵片的極性，上面變成S極，下面變成N極。如此般，鐵片經常互相排斥，使旋轉力在相同方向發生。於是，把這種可動鐵片形作為交流電專用來使用。

直流電又如何呢？

固定鐵片和可動鐵片，必定以相同極性磁化，因此在直流電也是以相同原理，兩者互相反彈排斥。為此，可動鐵片形安培計似乎在直流電也能使用，但實際上，以直流電持續磁化鐵片時，會因滯後（hysteresis）現象使指針的擺動產生誤差，致使無法使用直流電。

所謂滯後，是指無法完全回復到一開始的狀態。加強鐵片周圍的磁場時，磁化在某一定值就會飽和，反之，即使將磁場變弱，磁化也不容易變弱，而是停留在某值上。而且，讓磁場成為0，磁化也不會回到0。這情形稱為保磁力，和使用手指按壓土司再離手時，土司也不會馬上回復原狀，直到最後也不會完全回復到原來形態一樣。

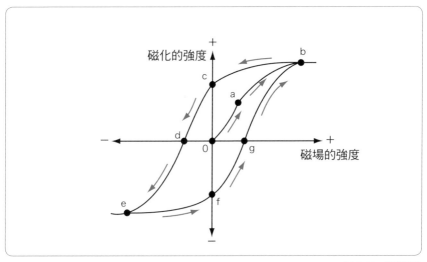

圖6.10　滯後現象

　　例如，將未磁化的鐵放入線圈內時，就從圖6.10的原點0開始出發。增加在線圈上流通的電流時，在橫軸上所示的磁場強度也變強，從0→a→b行進，在b變成飽和。

　　其次，減少電流將磁場變弱成為0時，不會回復到原來的圖表變成b→c。縱軸上所示的磁化強度0到c，雖然磁場為0，但仍留有磁氣而被稱為殘留磁氣。

　　將線圈上流通的電流方向改成反向時，磁場在反方向增加，因此鐵片的極性也變成相反，沿著c→d，磁化的強度終於變成0。而且，增加電流時，就變成d→e，在e飽和。

　　接著，減少電流成為0時，就變成e→f，再次將電流的方向改成相反增加時，就變成f→g→b，在b飽和。

　　將鐵磁化即可畫出如此般的圈圈，稱為滯後作用曲線，而且，將此現象稱為滯後現象。

高周波的測定

　　交流電的頻率變高，波長就變短。構成儀器的零件大小或配線的長度靠近該頻率的波長時，在沒有連接的零件之間或附近的配線，會發

生些許的漏電情形。例如,線圈是和線圈之間像是電容器一樣發生作用,發生並非線圈舉動的問題,而無法正確測定。

這主要是頻率變高使電荷的極性高速變化時,隔著空間的配線電荷變得更強互相影響所致。

出現如此般現象的頻率,特別稱為高周波,測定高周波的電壓或電流的裝置,為了避開這些問題,謀求正確測定而下過各種的工夫。

高周波電壓計

可以使用到高周波的電壓計,有向量(vector)電壓計或示波器(oscilloscope)。向量電壓計,是檢波(將高周波電流稱為直流電)測定訊號和參照用訊號變換為低周波訊號,測定訊號的振幅和位相的情形(照片6.2)。可測定的頻率約1GHz。

示波器,如照片6.3所示,是表示電壓的瞬間值和波形的測定器。畫面的橫軸表示時間,縱軸表示電壓,將電氣訊號的時間性變化即時作成圖表來表示。此外,也有把測定的波形資料貯存在記憶體來表示,可測定到數十GHz的頻率訊號。

這些的測定器電路,是將高周波的電流流通部分設計成盡量少,此外,構成電路的零件野使用在高周波專用所開發的種類。

照片6.2　向量電壓計
<照片提供:阿其連特科技株式會社>

照片6.3　示波器

6-5

電力的測量

電力是 1 秒間的工作量

　　能夠在短時間內完成一項工作的人，被稱為有工作能力的人。電氣的情形，也是表示在短時間可完成多少的工作。

　　電氣是從事旋轉馬達、點亮電燈的各種工作。這些工作有各種不同的種類，於是思考如何比較其量。將電的工作量稱為電力，電力工作的單位 J（焦耳）除以秒，就變成相同單位。於是，電力可變換稱為 1 秒間可完成的工作量。電力，是以電壓乘以電流的值來表示。

$$電力 P[\text{W}] = 電壓 E[\text{V}] \times 電流 I[\text{A}]$$

〔　〕內是表示各個的單位　W（瓦）、V（伏特）、A（安培）

　　燈泡，是以 60 W 或 100 W 等表示。當然，100 W 的燈泡比 60 W 明亮，所謂發光的電的工作量較多。

如何表示交流電的大小…

　　在家庭使用的交流電電壓是 100 V。將試驗器的波段切換開關設定為「交流電電壓 250 V（寫成 AC 250 V）」，然後把試驗棒插在插座上（數位試驗器是 V 的波段為一個可自動切換的種類居多）。會變成怎樣呢？是否為 100 V 呢？或許不是正好為 100 V。家庭內配線的長電線，因阻抗所引起的電壓降下大，因此會變成 95 V 也不一定。圖 6.11（a）是表示交流電電壓的圖表。交流電是會隨著時間變更大小或方向的電，因此，說是 100 V 時也不知道是指圖表的何處。圖 6.11（b）的交流電電流，也和電壓有相同的變化。

●平均的值呢？

　　以圖 6.11（a）思考電壓的平均值時，正和負剛好是同量，因此互相抵消變成 0。

●最大的值呢？

　　那麼，最大值為 100 V 時，將此視為電壓值又會如何呢？直流電的

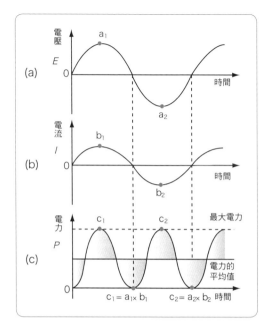

圖6.11 表示交流電電壓、電流和電力的圖表

100 V，一直都是100 V，因此，如果把它想成是和直流電的100 V相同，可能就不恰當了。

實在令人困惑，在此再次檢查圖6.11的圖表。圖6.11（c）是電力的圖表。和直流電的電力相同，電壓和電流相乘所得的值就成了電力的圖表，但是，當電壓和電流為負時，電力也是變成正的。

於是，以工作量的電力為基準來思考。直流電是以 $P = E \times I$ 來求，但是，為了能將此公式套用在交流電上，就採用反過來決定交流電的電壓和電流的方法。圖6.12的電力，變成瞬間的電壓和電流相乘的值，但是，當電壓為負時，電流也是負，因此相乘計算後的電力就變成正。

電力的平均值，如圖所示，變成最大電力的1/2。於是，將交流電的電壓和電流的各最大值作為 $1/\sqrt{2}$ 時，兩者相乘的值是，

$$\frac{1}{\sqrt{2}} \times \frac{1}{\sqrt{2}} = \frac{1}{2}$$

例如，來到家庭的100 V交流電電壓的最大值，就變成 $100 \times \sqrt{2} \doteqdot 141$ V。如此一來，反過來將最大值141 V以 $\sqrt{2}$ 除的值，實際上是變成和直流電做相同效果工作的值。

● 以實效值表示

如此般，交流電電壓和電流的最大1 / √2 稱為實效值，但是，使用實效值時，例如以100 V通10 A的電流時，無論交流電或直流電，電力都變成1000 W。

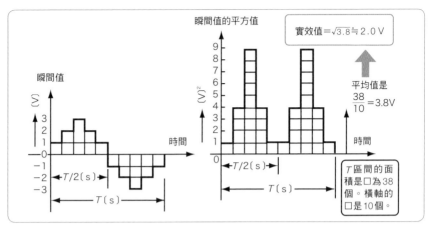

圖6.12　從瞬間值求實效值（RMS）的方法。使用近似圖表的說明

$$實效值 = \frac{最大值}{\sqrt{2}} = \frac{最大值}{1.414}$$

此外，實效值的英語是 RMS（Root Mean Squere），顧名思義，定義為，

$$\sqrt{（瞬間值平方的一週期間的平均值）}$$

圖6.12，是近似正弦波容易數的階段狀圖表。從瞬間值平方的圖表數□時，平均值是 38 / 10 = 3.8，實效值就是 $\sqrt{3.8} \fallingdotseq 2.0$ V。另一方面，3 V/ $\sqrt{2} \fallingdotseq 2.1$ V 大致相等。

何謂無效電力

如此般求出的電力，是在工作上可使用的能量，因此該電力也稱為有效電力。圖6.12電壓和電流的山和山，谷和谷整齊，但是，從圖表可看出彼此稍微移位時，電力的最大值也會稍微變小。這主要是因電能僅往返電源和負荷之間，並沒有工作，因此其最大值稱為無效電力。在變電所有調相用的機器，就是為了控制這種無效電力，給需求方面輸送更多的有效電力。

使電壓或電流的山和山、谷和谷整齊，減少無效電力的情形，稱為調相。為此所使用的大型線圈或電容器，就是調相用的機器。

6-6

磁氣的測量

表示磁場的強度

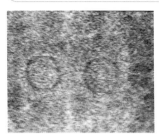

照片6.4　法拉第觀察磁場的狀況
（位於倫敦的法拉第博物館）

照片6.4是法拉第觀察磁場的狀況，在水平放置的紙面上撒砂鐵，然後在紙面下的線圈上通直流電電流。從實驗確認，在電流周圍發生的磁場強度，是和電流的強度成正比，和來自電流的距離成反比。

磁場的強度被稱為磁束密度。顧名思義，將磁力線作成束的磁束來思考時，就如圖6.13般成立以下的式子。

磁束＝磁束密度 × 線圈的剖面積

法拉第是依據在磁鐵和砂鐵上所觀察的磁場，想出磁力線的假想線。圖6.13的箭頭，是截取從磁鐵出來的磁力線，磁場的強度若是如此般相同的剖面積，則磁力線數越多就越強。於是，磁場的強度能以「密度」表示。

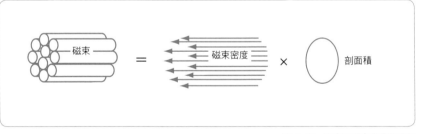

圖6.13　磁束與磁束密度的關係

利用微小線圈驗出交流電磁場

為了測定磁場，使用小圈環構造的探針（圖6.14）。在發生磁場的

磁束密度的單位Tesla（記號：T），是源自發明交流電發電機的尼古拉 特斯拉（1856～1943年）。磁束密度是磁束／線圈的剖面積，因此也是 Web/ 平方公尺（Wb/㎡）。

細銅線

圈環的直徑，比想測量的交流電的波長更短（例如1/10以下）

圖6.14 測定磁場的微小圈環的探針

場所，依法拉第的電磁誘導法則在線圈上產生起電力，因此，透過讀取其值，微小的圈環可以作為驗出交流電磁場的檢驗器發生作用。可是，插入大的探針會造成磁場的紊亂，以致無法正確測定。於是，為了減少如此的影響，探針是使用微小的線圈。

利用霍爾效應的磁力計機制

磁場的強度是以磁束密度來表示，因此，擁有測定這個的儀器就方便。圖6.15，是表示利用霍爾效應的磁力計機制。

在以數 μm 厚的半導體製作的元件的一面通控制電流，然後放置在對該面垂直方向的磁場內時，移動半導體內的電子受力，使電子的運動被彎曲移動。其結果，發生電壓，而該現象被稱為霍爾效應。

依據霍爾效應獲得的電壓，是和磁場的強度成正比，因此，了解該電壓（所謂霍爾電壓）即可了解磁場強度的機制。

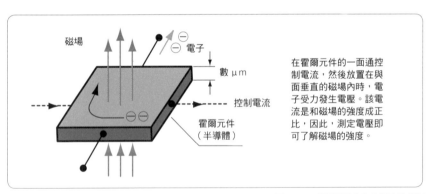

磁場

電子

數 μm

控制電流

霍爾元件（半導體）

在霍爾元件的一面通控制電流，然後放置在與面垂直的磁場內時，電子受力發生電壓。該電流是和磁場的強度成正比，因此，測定電壓即可了解磁場的強度。

圖6.15 利用霍爾效應的磁力計機制

①高斯（Gauss，記號：G），是CGS電磁單位系的磁束密度單位，源自德國的數學家高斯。$1T = 10^4G$，$1G = 10^{-4}T$。

②磁束的單位是韋伯（記號：Wb），源自德國物理學家比耳黑爾姆·韋伯（1804～1891 年）。

第 7 章

電的作用

7-1　以電獲得熱

熱板的機制

在烤肉上很方便的熱板，是把電的能量變換為熱。初期的構造，是在鍋下設置細長彈簧狀的鎳鉻合金線（圖7.1）。

在鍋的底部有細長彈簧狀的鎳鉻合金線，依電阻發熱來烹調。

圖7.1　初期的熱板構造

鎳鉻合金線，是鎳和鉻的合金，1m的阻抗值有鐵的10倍。也使用在烤麵包機或電暖爐等，但是，這些的電熱器具是利用電的流通使電子在導體內移動時和原子碰撞所發生的摩擦熱（圖7.2）。

在彈簧狀的鎳鉻合金線上通電時，自由電子就和振動的金屬原子碰撞而發揮摩擦熱。

金屬原子　金屬原子　金屬原子

圖7.2　通電時鎳鉻合金線發熱的機制

使用在電熨斗的鎳鉻合金線，是以絕緣體來保護，當然絕緣體是非耐熱不可。於是，電熨斗是以雲母（mica）的板夾住鎳鉻合金線。

在導體上通電時所發生的熱量，是以如下的式子求出。

發熱量〔J〕＝電阻〔Ω〕×電流^2〔A〕×時間〔秒〕

該式子，是表示依據英國的物理學家傑姆斯・焦耳（1818～1889年）的法則，這種熱稱為焦耳熱。熱量的單位 J（焦耳），就是源自他的名字。

利用焦耳熱的家電，有電暖爐、烤箱、熱水瓶等種類繁多，但是，多數的機制是以鎳鉻合金線作為發熱體使用。

此外，使用在電暖爐的發熱體，是使用碳（C）和矽（Si）的化合物碳化矽（圖7.3）。

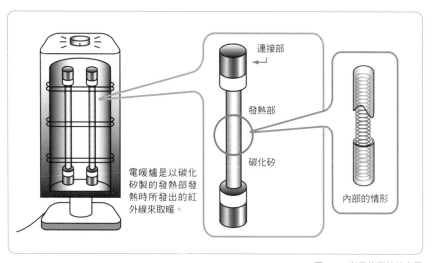

連接部

發熱部

碳化矽

電暖爐是以碳化矽製的發熱部發熱時所發出的紅外線來取暖。

內部的情形

圖7.3　利用焦耳熱的家電

如何發生高熱

以電子碰撞原子，使電子不容易流動就是阻抗。電子碰撞原子的量變多，即可獲得更多的熱，因此在阻抗大的導體上通電流即可。於是，想獲得熱板等大的發熱量時，使用阻抗大的鎳鉻合金線即可。照片7.1是使用鎳鉻合金線的電熱器。

熱量和電力的關係

電的工作量，是以電力單位W（瓦）來表示。於是，只要了解和使用電發熱的熱量單位 J（焦耳）的關係就方便。

照片7.1　使用鎳鉻合金線的電熱器。

　　J，是表示使用多少熱能量，例如以烹調時間表示時，也因烹調器的種類而有異，因此時間未必一定。於是，為了明確表示1秒間所進行的工作量（能源量）而使用W。於是就成了J是W×時間，

$$1 [J] = 1 [W] \times 1 [秒]$$

或者

$$1 [W] = 1 [J] \div 1 [秒]$$

和熱量的關係

　　作為熱量的單位，常用的是cal（卡）。作為運動（工作）時燃燒的熱量使用，是關心減肥的人所熟知的用詞。在日本，也把各種的單位統一在國際單位系上，至於J和cal的換算是，

$$1J \fallingdotseq 0.24cal \qquad 1cal \fallingdotseq 4.2J$$

　　作為以計量單位一本化的國際性事業，於1960年在國際度量衡總會制定國際單位系（簡稱SI）。日本很早就使用公尺法，因此較能順利轉變為SI單位，但是，現在的美國仍然使用英吋或英呎。SI制定之前也使用CGS，其中一部分現在仍在使用乃為現狀。

7-2 透過電冷卻

以電降低溫度的方法

　　依電阻利用焦耳熱就容易提高溫度，反之，如何透過電降低溫度呢？冷藏庫的機制，是如圖 7.4 所示使用電的力量啟動壓縮機壓縮冷卻用的氣體。

　　液體在蒸發時吸收周圍的熱，這種熱稱為氣化熱。在炎熱的夏天灑水時，水在蒸發時吸收空氣中的熱，而使空氣的溫度下降。有效利用電力吸收氣化熱，就是冷藏庫的機制。

　　作為有效蒸發的液體，在以前是使用氟（Flon）。這主要是因為氟在

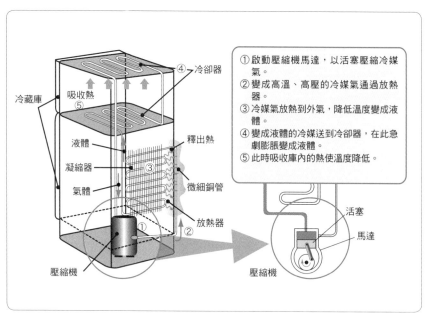

①啟動壓縮機馬達，以活塞壓縮冷媒氣。
②變成高溫、高壓的冷媒氣通過放熱器。
③冷媒氣放熱到外氣，降低溫度變成液體。
④變成液體的冷媒送到冷卻器，在此急劇膨脹變成液體。
⑤此時吸收庫內的熱使溫度降低。

圖 7.4　冷藏庫的機制

 家庭用的冷凍庫，一般是和冷藏庫成為一體的冷凍、冷藏庫，也有各具有專用冷卻器的種類。冷凍庫內是零下 20 度左右，也有將冷卻器並聯配置的專用冷凍庫。

低溫度下也能簡單蒸發所致，但是，考慮到冷藏庫一旦報廢，氟氣釋出於大氣中就成了破壞遮閉紫外線之臭氧層的要因，因此現在是使用替代氟（HFC氟等）的其他液體。

替代氟也會釋出於空氣中，但在抵達同溫層之前就容易散失而對地球溫暖化的影響少。只不過亦非完全無害，因此先進國家約定在2020年之前完全廢止HFC氟的生產。

脫氟的處理雖有進展，但冷藏庫也有開發非氟（不使用氟）的產品。日本在2002年施行氟回收破壞法，在2007年又作修正、施行。

冷媒的工作

液體變成氣體（氣化）時，就從周圍吸收熱。此時所吸收的熱稱為氣化熱，例如水氣化時，1公升可吸收539kcal（大卡）的熱。夏天炎熱時灑水就會感到涼爽，就是水氣化吸收周圍的熱所致。

如氟般冷卻用的液體稱為冷媒。冷藏庫的構造，是在貯藏庫通過壓縮機、放熱器、冷媒的管子所成。以電啟動壓縮機壓縮冷媒的氣體，但此時變成約80℃的高壓氣體。這些氣體經由放熱器，氣體的熱就放熱在周圍的空氣，使氣體的溫度下降變成約40℃的液體。

接著，變成液體的冷媒送到冷卻器急劇膨脹變成氣體，此時以氣化熱吸收大量的熱而降低冷藏庫內的溫度。

最近的冷藏庫是把放熱器隱藏起來，因此已經看不到傳統設置在冷藏庫背側的放熱器。

可是，當然有放熱器，並非沒有。此外，也有使用利用這種放熱器的熱使發生於冷卻器的水滴乾燥的技術。

 冷卻方式，有冷卻器位於貯藏庫內的直冷式，以及設置在庫內不同冷卻室的間冷式。間冷式，是使用風扇把冷氣送入庫內，因此也稱為風扇冷卻式。

7-3　透過電殺菌

以熱風殺菌

　　醫療用的寢具必須殺菌，其例有洗濯、乾燥後透過熱風殺菌的方法。此外，在餐廳等以熱風乾燥大量餐具的裝置似乎也兼具殺菌效果。

　　1996年，日本的大阪府堺市發生學童集體感染病原大腸菌O157，甚至出現死亡者。有關單位質疑是蘿蔔嬰而帶來巨大社會騷動，但是，O157不太耐熱，沙門氏菌也能以75℃加熱1分鐘即可殺滅，因此透過熱風的殺菌有效。

　　這些發生熱風的裝置，是把電所發生的焦耳熱以附在電動馬達上的風扇送風的機制。

以殺菌燈殺菌

　　春夏時候，很多人都會塗抹UV乳液防紫外線保護皮膚，UV是紫外線的英語Ultraviolet的簡稱。

　　太陽光之中含有波長不同的紫外線，到達地表的紫外線的99％是UVA（長波長紫外線。也有UVB（中波長）、UVC（短波長））。這在紫外線中是波長長且危險性最低的一種，但是，若長時間暴露在紫外線之下使其浸透皮膚內，恐怕會對細胞帶來影響。此外，受到臭氧層保護未到達地表的紫外線當中，也有具有強力殺菌作用的種類。如此般，紫外線依波長的差異而具有不同的性質，豐富發生最具殺菌力紫外線的燈，能有效殺滅細菌、病毒或黴菌等。市售的殺菌燈（照片7.2），也被活用在作為對食品或醫療器具等殺菌上。此外，也利用在

照片7.2　殺菌燈之例。右是理髮店以「紫外線殺菌消毒器」對剪刀等理髮用具殺滅細菌的狀況

飲料水或空氣的殺菌等。

以臭氧殺菌

雖有「充滿臭氧」等的觀光指南廣告，不過在森林或海邊涼爽的空氣中就含有微量的臭氧。如此般，存在於自然界的量的臭氧並沒有問題，但是，高濃度的臭氧卻具有強力的殺菌作用，是屬於有毒氣體。

市面上可看到不使用水即可除菌或洗濯的洗衣機產品。這是在洗衣機的內部發生臭氧，以其強力的氧化作用進行殺菌或脫臭。

在自來水的殺菌上是使用氯，不過以臭氧替代的情形也多，在日本有幾個縣市的自來水局是使用臭氧作為自來水的殺菌用。

此外，市售的內建發生微量臭氧裝置的空氣清淨機，也是利用臭氧殺菌、脫臭效果的電氣產品。

光觸媒的殺菌效果

最近常聽到的光觸媒，是日本發現因化學反應的所謂氧化鈦物質吸收光就會發生的作用。利用該氧化作用，例如以紫外線燈照射以氧化鈦塗裝的房間，即可進行殺菌處理。醫院的手術室等也是利用此效用的事例。

此外，以日用品來說，也有光觸媒造花或人工觀葉植物等的市售品。這是利用在含有氧化鈦的造花或人工的葉片上照射陽光，就會分解黴菌或細菌、香菸的臭味、寵物等動物臭的效果。

現在也有研究利用氧化鈦的太陽電池，但以現狀而言，光能源的變換效率比利用多結晶矽的太陽電池差，因此想要邁向實用化仍須持續各種的試驗。

高濃度的臭氧屬為劇毒，一旦吸入恐怕會影響黏膜或呼吸器的機能。大氣中的臭氧層可緩和紫外線的量，而在地面附近發生的臭氧是以光化學煙霧生成。臭氧是結合三個氧原子的狀態（O_3），常發生於有強大紫外線照射的森林或海邊等。顯像管電視或影印機等利用高電壓的裝置，也會發生僅能感受到其氣味程度濃度的臭氧。

7-4　電與磁的工作

電的工作和力量

在此複習第 6 章的 6-5 項，說明為了使人的勞力工作量和電的工作量能以相同單位處理，於是將秒除以 J（焦耳）得成 W（瓦）。 J，在 7-1 項學習知道是指發熱量的單位，但也是勞力工作的單位。

在蒸汽機器發明之前，主要是倚賴馬的力量搬運貨物，因此大量的工作，並非以人的臂力而是以馬的力量來表示。所謂「有馬力」，顧名思義，就是馬的力量勝於人的力量。

那麼，馬力（英語 horsepower）可以換算成幾瓦呢？基於馬的牽引力，可換算成如下：

$$1W ≒ 0.00136 馬力（法馬力）　　1 馬力 ≒ 735W$$

聽到 1 匹馬可做 735 W 的工作，或許無法具體理解，但汽車的引擎是規定在一定的「馬力」內，因此馬力是換算引擎工作量的現用單位。

那麼，電力單位的瓦，是源自改良蒸汽機器對英國產業革命有卓越貢獻的傑姆斯・瓦特（1736～1819 年）所命名的。

單位的 W 就等於焦耳每秒〔J/s〕，可說是以每 1 秒使用的焦耳表示工作的效率。

或許，瓦特發明的機器，也能以馬力來換算。

磁力與電磁力

放置在以磁鐵引起的磁場內的導線上通電流時，在導線周圍所引起的磁場受到因磁鐵所產生的磁場力而移動，乃為佛萊明左手定則。直流電馬達就是利用此用，因此這是以磁氣的工作使機器發生動作。

可是，在導線上流通的電流和磁場之間所產生的力，是依電和磁相

馬力，有法國馬力和英國馬力的 2 種類。法馬力，是傑姆斯・瓦特基於以法國為發祥的公尺法，為了接近英馬力所定的定義。英馬力，是依據碼・磅法的馬力。現在，是使用法馬力。

互作用下所產生的，因此被稱為電磁力（electromagnetic force）。在磁極和磁極之間，或在電荷和電荷之間也會產生力，但是，電磁力可簡單獲得大的力量，因此被廣泛利用在把電變為動力的裝置上。利用這些的電磁鐵，也使用在把大量的鐵吸附起來的吊臂磁鐵機上。照片7.3是鐵鏟用的吊臂磁鐵機，以消耗電力10～20kW可吊起20～40噸的廢金屬料。

照片7.3　可吸附數十噸的重量（引自神鋼電機的網頁（http://www.shinko-elec.co.jp/News Release/new-0086.htm））

磁場內的電子移動

電磁力，是磁場內的電流沒有在導體內流通時，也會產生。對放電中的電子或離子的流動等也會產生，電荷是在其運動方向下受到直角的力。利用該性質的有電視的顯像管（圖7.5）。此外，使用在微波爐的磁控管（magnetron），也稱為磁電管，是在加上強大磁場的管內空胴上通電子流發振高周波（高頻率的交流電）機制。

磁場內的磁鐵和磁場內的電的差異

永久磁鐵，就像是切也切不開的金太郎糖般的磁鐵狀態。這主要是認為構成磁鐵的每一個原子都擁有N極和S極的磁鐵所致。在此之下，永久磁鐵在磁場（磁場）內的情形，是在各個原子所具有的磁鐵上產生力。

在磁場內有帶電的物體時，將會如何呢？荷電粒子是帶電荷的粒

　把在真空中相距1cm的二個單位磁極之間所產生的力作為1達因（dyne），決定磁氣量單位的是CGS電磁單位系（CGSemu），亦可簡單稱為emu（electromagnetic unit）。

玻璃

螢光幕

電子束

電子槍

偏向軛

電視用的顯像管，是以發出偏向軛磁場驅動電子束，形成畫像。

圖7.5　使用在電視的顯像管機制

子，因此會對電場內的荷電粒子產生力，但是，在磁場內只要停止就不會發生什麼事。

可是，荷電粒子一旦動起來，與其速度成正比，會依佛萊明左手定則產生力。只不過，和磁場相同方向活動時就不會產生作用，由磁場和荷電粒子的速度方向所成的角度越大，力就變得越強，在90度變成最大。

想想佛萊明左手定則，左手的中指是荷電粒子的速度方向、食指是從N極向S極的磁場方向，在荷電粒子上產生力的方向就是拇指的方向。在此，如果粒子是電子其電荷就是負的，因此中指的方向必須變成和粒子奔跑方向相反的方向才行。

旋轉加速器（cyclotron）是荷電粒子的加速器之一，使用在原子核和中子等衝撞的核反應。如圖7.6般的構造，在強大磁場內使荷電粒子以圓形軌道奔跑加速，但是，這也是利用佛萊明左手定則。

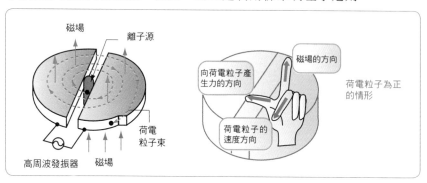

磁場

離子源

向荷電粒子產生力的方向

磁場的方向

荷電粒子為正的情形

荷電粒子的速度方向

高周波發振器　磁場

荷電粒子束

圖7.6　旋轉加速器的原理圖

7-5　電與熱的意外關係

熱的「工作」為何呢？

電熱器或空調、烤箱等用電時必定發生熱。電會「工作」，但可說熱也會「工作」嗎？

7-1項曾學過卡是熱量的單位，但熱量，顧名思義是「把熱作為量來表示」。在運動或代謝所消耗的熱量稱為生理性的熱量，因為是從食物獲得的，因此這也是作為營養的熱量。

但是，不使熱散失而旋轉水時，有些水的溫度就會上升。英國物理學家焦耳（照片7.4）使用把葉輪放在水中，當綁在繩子上的錘下降時，葉輪就會旋轉的裝置，進行測量水溫度上升的實驗。他預測熱量（卡）和摩擦等的工作量成正比，而由該項實驗了解比例定數是4.18（該換算率稱為熱的工作量）。

照片7.4　焦耳

如蒸汽機器或汽油引擎般，把以燃料燃燒的能量換算成機械性能量的裝置，是被稱為熱機器，但是，這些可說是使用熱從事工作的裝置。於是，所謂 J（焦耳）的單位，也可作為熱的工作單位使用。

表示電量單位的故事

法國物理學家庫倫（1736～1806年，照片7.5），以實驗測定電量，這是「把相等的電荷相距1m放置時，產生 9×10^9 牛頓[N]的力時的電荷」。表示該電荷量的單位，是源自他的姓氏庫倫（記號以 C 表示）。所謂 9×10^9 的數字是如何獲得的呢？容後項再作說明。

照片7.5　庫倫

所謂卡的單位，也有寫成「15度卡（cal 15）」的情形，這是法國的法定單位，是以把水的溫度從14.5℃提高1℃到15.5℃所需要的熱量來定。正式的表示法是，1 cal 15 ≒ 4.1855J。依此，將「15度卡」作為「t度卡」時，是以把水的溫度從（t－0.5）℃提高到（t＋0.5）℃所需的熱量來定義。此外，「國際蒸汽表卡（I.T.卡：寫成cal IT）」是 1 cal IT ≒ 4.1868J。

其實，庫倫在測定上使用的距離單位並非公尺，而是bus（1 bus≒2.7 cm）或reneu（1 reneu＝1／12 bus）。當　時的物理學家並沒有像現代一樣經常互相交流，因此使用獨自的單位也不會有問題。但現在，電是全世界共通使用，因此我們所使用的電的單位必須使用全世界誰都一樣的統一單位。於是，將庫倫所測定的距離改為現在使用的1公尺來規定電量。

昔日使用的電單位故事

電的世界在昔日所使用的單位，是依據CGS單位系。在此所謂單位系，是指規定最小限度單位，依此組合各種單位的方式。

CGS單位系，是以C：公分、G：公克、S：秒為基本單位。另一方面，也有以M：公尺、K：公斤、S：秒為基本單位的單位系（MKS單位系），現在世界是使用MKS單位系。

這種單位系，對學習電的人來說是非常重要的，其原因將依序作說明。

庫倫是從所謂「間隔一定距離，產生一定力的電量是一定」，例如在距1 cm的相等電荷之間，產生1達因的力時，就命名為「1 CGS靜電單位的電量（簡稱1 esu）」。其次是「庫倫公式」，在第2章已詳細敘述，如果忘了就在此複習。

$$F = k \frac{Q_1 Q_2}{r^2}$$

F：力，Q1、Q2：電量（或電荷），r：二個帶電體的距離

所謂1 esu，是在F和r為1時，取Q_1和Q_2為1，於是比例定數的k是1時，就寫成如下：

$$F = \frac{Q_1 Q_2}{r^2} \; [\text{達因}]$$

1庫倫，是1 esu電量的3×10^9倍。於是，Q_1和Q_2以庫倫測定代入上式，就變成如下：

$$F = \frac{Q_1 Q_2}{r^2} \times (3 \times 10^9)^2 \fallingdotseq \frac{Q_1 Q_2}{r^2} \times 9 \times 10^{18} \; [\text{達因}]$$

庫倫在測定上所使用的實驗器具的精度，和現在相比是相當差的，不過，從最近高精度的測定結果，現在則認為庫倫定則能嚴密成立。

電的世界是使用MKS單位

現在，多數國家對使用課予義務的國際單位系（SI），是組合MKS單位系，以表現各種量的單位。日本的JIS（日本工業規格），也在1991年以國際單位系為依據。

在電的世界使用MKS單位系較為便利的情形有很多，例如在7-1項學過的電力單位W和熱量單位J的關係（1 [W] = 1 [J] / 1 [秒]），是以如下的式子算出的。

所謂「能量」的用詞，除了使用在物理或電之外，也常使用在一般上，這是人或物對外所進行的工作量。能量的單位是力×長度，因此在MKS單位系就變成（kg・m/s^2）×m。在CGS單位系則是，

$$能量 = (kg \cdot m/s^2) \times m = (g \cdot cm/s^2) \times 10^5 \times cm \times 10^2$$
$$= (g \cdot cm/s^2) \times cm \times 10^7$$

在此，（g・cm/s^2）是CGS單位系的達因。

$$能量 = (達因) \times cm \times 10^7 = (耳格) \times 10^7 = 焦耳$$

由此公式（每單位時間的能量）的單位是焦耳／秒，亦即變成日常使用的電力單位W。

在此，所謂1耳格，是指以1達因的力把物體向該力的方向移動1 cm的工作單位。

此外，力的單位（g・cm/s^2），是所謂「1 kg的質量物體以加速度1 m/s^{2}加速時所產生的力」之意，稱為1 N。由上式，

$$1N \times m = 1dyn \times cm \times 10^7 = 1dyn \times m \times 10^5$$

①1 dyn（達因），是指對質量1 g的物體產生能給予1 cm/s^{2}加速度的力的大小。1 erg（耳格），是指對物體產生1 dyn的力，在其力的方向移動1 cm時其力所進行的工作。
②在英國物理學家卡文迪西（1731～1810年）的未發表原稿上，留有相當於庫倫定則的實驗記錄，這比庫倫的發現早了約10年。

得到 $1\,\text{dyn} = 10^{-5}\,\text{N}$。於是，

$$F = \frac{Q_1\,Q_2}{r^2 \times (10^2)^2} \times 9 \times 10^{18} \times 10^{-5} \fallingdotseq \frac{Q_1\,Q_2}{r^2} \times 9 \times 10^9 \ [\text{N}]$$

終於得到了。

如此般，僅限於庫倫公式來說，比起 MKS 單位系，CGS 單位系是簡單的公式，不過，以整體的電來說，MKS 單位系是比較容易使用，因此在 20 世紀中葉之前，主要是使用 MKS 單位系，但現在卻加以擴張，以國際單位系（SI）為主流。

電的工作與電能

在 7-1 項已經學習，在如鎳鉻合金線般電阻大的導體上通電流時，該物質會發熱的機制。因電流所發生的熱稱為焦耳熱，換算為熱量單位的 J 是 $1\,\text{J} \fallingdotseq 0.24\,\text{cal}$。

在此，卡的定義是「在 1 氣壓之下，提高 1 公克水的溫度 1℃ 所需的熱量」，但是，以幾度的水來定義則各有不同，因此，焦耳的換算值也會有些差異。為此，cal 並未涵蓋在國際單位（SI）內，而 J 比較常被使用。

那麼，把 1Ω 的電阻以 1C（庫倫）的電荷移動時，就發生 1J 的熱。在此，在電世界的歐姆或庫倫和力學性工作單位的焦耳，變換數值都是 1，因此會覺得非常巧合。可是，之前已曾敘述，為了和焦耳吻合，反而以電量單位的庫倫來定義，則是當然的事。

1C，是在 1 秒間搬運 1A 電流的電量。於是，在 1Ω 的電阻上通 1A 的電流時，可以把 1 秒間的 1J 電能變換為熱。

1J，是「1N 的力朝向其方向移動物體 1m 時的力學性工作」。為了移動 1C 的電量，需要 1J 工作的 2 點間的電位差被界定為 1V。

最後，重新對「能量」和「工作」作整理。首先，在單位時間上所消耗的電能稱為電力（單位是瓦），因此，在力學上是相當於工作率。電力 P，是從歐姆定則成為，

$$P=EI=I^2R=\frac{E^2}{R}$$

P：電力、E：電壓、I：電流、R：電阻

因此，知道電壓、電流、電阻當中的二個，就可以知道電力的值。

所謂能量，就是可以進行工作的能力，因此，能量的單位是焦耳。此外，也可以定義1焦耳是以1秒間進行1瓦工作率時的工作。

以上出現了各種的單位，或許會讓各位覺得很混亂，在此彙整如下。

$$1\,J = kg \cdot m^2/s^2\,(\text{MKS單位系})$$
$$= 1\,W \cdot s\,(\text{瓦秒})$$
$$= 1\,N \cdot m\,(\text{牛頓・公尺})$$
$$= 1\,C \cdot V\,(\text{庫倫・伏特})$$
$$= 10^7\,erg\,(\text{耳格})$$
$$\fallingdotseq 0.24\,cal\,(\text{卡})$$

熱會擴散－何謂熵（entropy）定則

雖然從體驗上了解所謂「熱必定從高溫的物體向低溫的物體移動」的原則，但這是被稱為熱力學的第二定則。

在物理學上，是以所謂熵的概念對待如此的原則。投予物質的熱量以該物質的絕對溫度除所得出的cal/deg（度），被界定為熵的增加。

例如，將300 K（絕對300度）的物體取得600 cal的熱時，熵是增加2 cal/deg，別的物體在失去600 K 時，就減少1 cal/deg熵。若在兩者間有熱的收授時，就是有熱從600 K的物體向300 K的物體移動，但

絕對溫度，是由英國物理學家湯姆遜（之後的凱爾濱，1824～1907年）導入的。水的三體（液體、冰、水蒸氣共存的點0.01℃）定為273.16度，數值之後加K（凱爾濱）。攝氏之值+273.15。

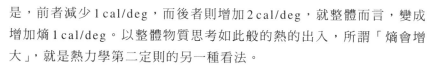

是，前者減少1cal/deg，而後者則增加2cal/deg，就整體而言，變成增加熵1cal/deg。以整體物質思考如此般的熱的出入，所謂「熵會增大」，就是熱力學第二定則的另一種看法。

這常被稱為「熵增大原理」，但是，可說是分子的運動從有秩序狀態轉移為無秩序狀態，就是自然現象的量。例如，把方糖放入咖啡中，砂糖的結晶會溶出於咖啡的液體裡，砂糖的分子就開始進行無秩序的運動。如果，這些分子偶然有回到原來有秩序狀態的瞬間時，就會出現原來的方糖樣子，但是，這種機率極低。

熵，是越大越顯出雜亂性越大的無秩序狀態，不過，僅就熱而言，熵是表現熱擴散的程度。

地球環境與熵的增大

汽車的排氣儼然已成問題，在此同時也放出熱。火力發電或核能發電也向地球環境捨棄大量的廢熱，這些稱為熱污染。

地球是從太陽接收一定量的熱，並把相同熱量放出於宇宙，因此熱的出入穩定。但是，人類以人工性燃燒化石燃料所發生的熱，是無法以地球本來具有的熱交換機制來處理，結果在城市引起所謂熱島現象。

汽車本身幾乎不會放出熱，不過，在發電階段會放出廢熱。此外，日本正針對在煤炭發電廠等因燃燒所發生的大量二氧化碳，著手開發將這些分離、回收埋入地裡的技術。

如此般，人類的文明活動等於就是把熱擴散的行為，因此，地球環境的問題也可說是熵的問題。

 將廢棄物變成0的活動，稱為zero emission。在企業間等是以廢棄物（污染物質或熱等）的再利用，使整個社會的廢棄物排出變成0為目標，不過，由熱力學的第二定則即可了解，這是不可能完全實現的。

庫倫力的實力如何呢？　及其電子的質量與大小

　　將1C（庫倫）的點電荷二個相距1m放置時，會產生9×10^9N（牛頓）的力。在此所謂1N，是和對約0.1kg的物體所產生的重力大小相同，因此可知9×10^9N是「相當於90萬噸重量的巨大力量」。加上如此巨大的力時，或許會想到庫倫實驗的器具應該會立即損毀。

　　的確，如果在此有1C的點電荷時就會如此，但是，要把1C的電荷聚集在一點是非常困難的事。物質的原子，是由具有正電荷的原子核和具有相稱的負電荷的電子聚集而成的，因此，真正的電荷大致成為0。於是，具有1C的點電荷是身邊所看不到的，而讓人安心。

　　「1C，是1秒間搬運1A電流的電量」。汽車的電池有流通著幾A電流的情形，因此或許會認為超過1C的電荷也存在於身邊近處。

　　電流，是以位於電線金屬內的自由電子移動而流通。這種自由電子1個的電荷量，是1.6×10^{-19}C，因此以現在1C的電荷在1A流通時，就是有$1/1.6 \times 10^{-19} \fallingdotseq 0.63 \times 10^{19}$個的電子在電線內移動。電子1個的質量約$9.1 \times 10^{-28}$g，半徑是約$2.8 \times 10^{-15}$m，是非常小，例如把拿在手上的足球視為原子核時，電子是相當於撒在自己居住街上某處的沙粒（原子核的大小是原子整體大小的10萬分之1程度）。如此般，並非1C聚集在1點上，因此可以很安心開著車。

　　有電的地方會形成電場或磁場。將電場和磁場整合稱為電磁場，不過，有分類成靜電場、靜磁場、電磁場的三種。

　　在靜止的二個點電荷之間產生庫倫力的狀態是靜電場，而這種力是三種之中最大的力。

　　其次，在靜磁場思考通直流電電流其間所產生的力，在平行的2條電線上通電流形成磁場時，在2者之間仍會產生依庫倫力的力（羅倫茲力）。

　　此外，電磁場是發生電場和磁場的狀態。手機或電視、收音機的電波（電磁波），是電場和磁場在發訊天線向空間移動時，發訊電力可抵達收訊天線的機制。如此般，「電荷」可稱為一切的電現象之源。

第8章

家電或各種的電氣機器

8-1 燈泡和日光燈

愛迪生與京都的竹

燈泡是托馬斯‧愛迪生（1847～1931年）發明的。愛迪生提倡直流電的電力輸電系統，流下眾多有關電的發明。飛往美國參觀愛迪生燈泡製造的日本東芝創立者藤岡市助，在返回日本之後立即著手燈泡的製造。點亮日本國產第1號燈泡是在1890年，他被譽為日本的愛迪生。

燈泡，是利用在電阻體通電流產生高溫時發光的現象。現在，市售的一般燈泡是以電的能量使燈絲發熱之下發光。於是，也稱為白熱燈泡，但是，燈絲是使用名為鎢的金屬線（圖8.1）。

鎢在高溫時會蒸發，為了防止這現象，在燈泡內含有不會和鎢化合的氬氣。可是，封入氣體時燈絲的溫度就降低，而減低明亮度，於是把燈絲作成雙重線圈，抑制損失在最小限度。

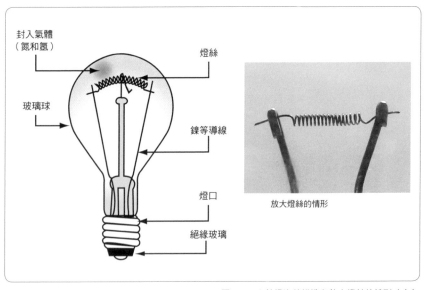

圖8.1　白熱燈泡的構造和放大燈絲的情形（右）

照片8.1　愛迪生在燈泡的燈絲上嘗試了各種的材料（堤拉博物館（荷蘭‧哈雷姆））。

照片8.2　燈泡型日光燈（左）以及含在其內部和日光燈相同的燈（右）

　　愛迪生在發明之初，在燈絲的材料上嘗試了各種的物質。其中，有把取自京都的孟宗竹以高溫燃燒的物質，作為碳的耐熱性和通電性，似乎最適合作為燈絲用（照片8.1）。

　　位於京都府八幡市的石清水八幡宮內有「愛迪生碑」，砍自境內的竹，據說是愛迪生之前所選用的1,200種當中點亮時間達數百小時，是最長的一種。

白熱燈泡的熱放射量大

　　白熱燈泡，是把電能量作為熱能量來利用，因此其多數就變成熱放射。當燈泡發光時，其周圍會變成高溫度，用手觸摸有被灼傷的危險性。白熱燈泡是所加入的能量的一部分變成光而已，因此會有僅1個100W燈泡使房間的照明感到不足的情形（圖8.2）。

日光燈的機制

　　若是相同的電量，會感覺日光燈比白熱燈泡還要亮。日光燈的機制很複雜，首先，通電流時電極的燈絲受到熱而使電子跳出。管內封入汞氣和氬氣，以加在兩端燈絲間的高電壓放出電子，而開始在燈絲間

　　　　直接裝置在白熱燈泡用燈座上使用的燈泡型日光燈（照片8.2），是把日光燈的管狀構造彎曲小型化的種類。整體的形狀、大小雖然和白熱燈泡不同，但也有就彎曲方式進行改良，使整體變成球體的種類。

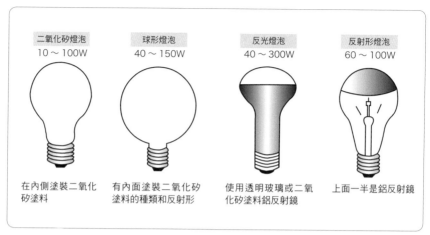

二氧化矽燈泡　　球形燈泡　　　　反光燈泡　　　反射形燈泡
10～100W　　　40～150W　　　　40～300W　　　60～100W

在內側塗裝二氧化　有內面塗裝二氧化矽　使用透明玻璃或二氧　上面一半是鋁反射鏡
矽塗料　　　　　　塗料的種類和反射形　化矽塗料鋁反射鏡

圖8.2　各種的白熱燈泡

移動，這稱為放電。這種電子和汞氣的原子碰撞，發出紫外線，但紫外線是眼睛看不到的。由於管內塗有螢光體，在紫外線照射之下發出眼睛看得到的光（可視光，圖8.3）。

　　日光燈，是把加上的電能量的約1／4作為可視光線放射，紅外線和紫外線的放射在這之上，剩餘的就變成熱放射。

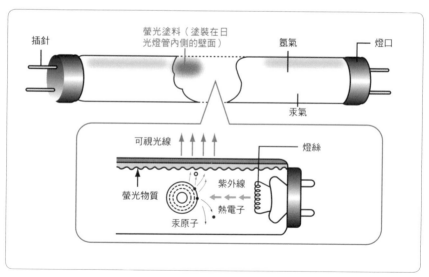

圖8.3　日光燈的機制

日光燈的顏色，是依發出可視光的螢光體種類而定，在過去是被稱為不自然的顏色。Panasonic（松下電器）於1977年開始製造商品名稱為「Paluku」的日光燈管，被稱為3波長型日光燈管，是比較接近自然光。Paluku的包裝上是以紅、藍、綠3色印刷，這是因發出的光是調整三種光的波長使其更接近自然，3波長型日光燈管的發明給予消費者深刻的印象。

燈泡型日光燈，是可以直接裝置在白熱燈泡用燈座上的小型日光燈。最近，把細型的日光燈管作成U字形或捲成螺旋狀的種類極為普及，但是，如圖8.3所示，加熱燈絲的構造就不適合小型化。細型的日光燈管稱為冷陰極管，發光的原理是和傳統的日光燈管相同，但沒有加高電壓加熱電極使電子放出。此外，極細的冷陰極管，也使用在液晶電視畫面的背面照明上。

燈泡型日光燈的電力消耗，是白熱燈泡的幾分之1，而且耐用，因此，日本政府在2008年作為節省能源的一環，打出在幾年以內中止日本國內製造、販售白熱燈泡的方針。

德國物理學家漢力西‧凱斯拉在1856年製作的凱斯拉管，被認為是日光燈的起源，其後，經過眾多的改良，使日光燈變成今日的形貌。

一直點亮著電燈時…

為了節省能源，聽說要勤於關閉不用的電燈。燈泡的燈絲是用鎢製作的，點亮沒多久鎢的溫度就變高。

金屬的電阻，是溫度越高越顯示大的數值。認為電流是電子在金屬內移動時才會流通，但是，原子一旦振動就會妨礙電子的移動。這就是電阻。溫度變高時，原子的振動就變得激烈，振幅隨之變大，電子就容易碰撞，電阻也跟著增加。

以短時間點亮、關閉電燈的情形，和一直點亮著相同時間的情形相比較，能源的消耗會比較減少嗎？以極端的例子來說，反覆幾秒間點亮、關閉，或者點亮幾秒後關閉，或許鎢的阻抗會比一直點亮著情形更小。電阻小就會流通強大的電流，因此，認為電力變大所消耗的能源也跟著變多。

一個燈泡和二個燈泡的亮度

如圖8.4，準備3個完全相同的燈泡，只有1個的情形，和串聯2個的情形，哪一種比較亮呢？一定會不加思索，回答說是2個燈泡的比較亮。但其實，只有1個的比較亮。

串聯2個燈泡時，電阻就變成2倍。依據歐姆定則，流經電阻的電流是和電阻兩端的電壓成正比，和電阻的大小成反比，因此，電壓一定，電阻變成2倍時，電流就變成1/2。電力是電壓和電流之積，因此，電壓一定，電阻變大時，電力就變小。

此外，電力是電流的平方和電阻之積，在電阻變成2倍，電流的2分之1平方的那一方較為有效，因此認為電力變小。將此情形以式子表示，就如下，

$$P = EI = I^2 nR = \frac{E^2}{nR}$$

P：電力、E：電壓、I：電流、R：燈泡的電阻、n：串聯的燈泡個數

只不過，在家庭的100 W插座上點亮燈泡時，需注意所有都是並聯連接的。做這項實驗時，必須把燈泡串聯配線後再插入插座。

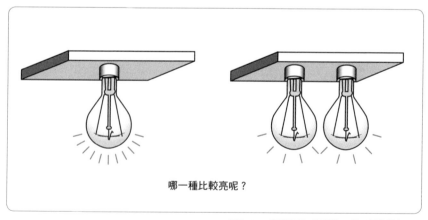

哪一種比較亮呢？

圖8.4 1個燈泡和2個燈泡 哪一種比較亮呢？

8-2　電話機、傳真機

把聲音變換成電氣訊號

為了用電傳遞聲音，如圖 8.5 所示，必須以聲音的音波振動振動板，改變電的強弱（稱為變調）。其次，必須有將此電氣訊號以電話線或如手機般以無線傳送給對方，接收側就把這種電氣訊號變換成聲音（稱為復調）的程序。

電話機，有以有線傳送訊號的方式，以及如手機般使用電波的無線方式也正急速普及。

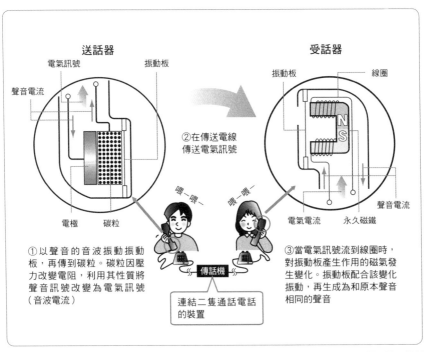

送話器

電氣訊號　　振動板

聲音電流

受話器

振動板　　　　線圈

②在傳送電線傳送電氣訊號

喂－喂－　喂－喂－

電極　　碳粒

電氣電流　永久磁鐵

聲音電流

①以聲音的音波振動振動板，再傳到碳粒。碳粒因壓力改變電阻，利用其性質將聲音訊號改變為電氣訊號（音波電流）

傳話機

連結二隻通話電話的裝置

③當電氣訊號流到線圈時，對振動板產生作用的磁氣發生變化。振動板配合該變化振動，再生成為和原本聲音相同的聲音

圖 8.5　電話機的機制

傳送聲音必須的頻率寬幅

人的聲音頻率範圍，是在 100～8,000 Hz。當然，這是有個人差異的，但是，電話內能聽清楚彼此對話的必要最小現度的範圍，是以 300～3,400 Hz 的聲音變成訊號來傳送。

這樣還不是很充足，不過，把頻率寬幅變寬大，會使以電話線路可傳送的訊號數（通話路）變少，進而減少能利用電話的人數。在此之下，便限定電話的頻率寬幅，盡可能傳送更多的訊號（通話路）。

傳真機的機制

傳真機，一般稱為FAX，能以電話線路傳送畫像。為此，市面上有很多兼具電話機功能的產品。傳真機，是發訊側讀取畫像變換成電氣訊號使發訊部產生動作，收訊側是把接收的電氣訊號回復畫像使收訊部產生動作。

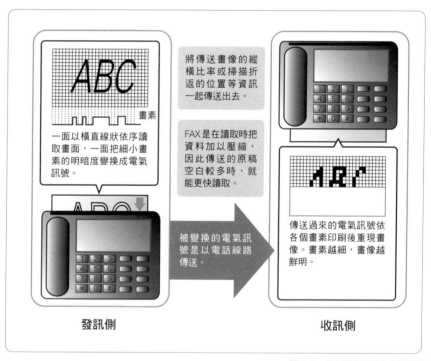

將傳送畫像的縱橫比率或掃描折返的位置等資訊一起傳送出去。

一面以橫直線狀依序讀取畫面，一面把細小畫素的明暗度變換成電氣訊號。

FAX是在讀取時把資料加以壓縮，因此傳送的原稿空白較多時，就能更快讀取。

被變換的電氣訊號是以電話線路傳送。

傳送過來的電氣訊號依各個畫素印刷後重現畫像。畫素越細，畫像越鮮明。

發訊側　　　　　　　　　　收訊側

圖8.6　傳真機的發訊和收訊機制

 在影印機或印表機的本體上，兼備傳真機功能的複合機也很普及。

　　圖8.6，是表示傳真機的發訊和收訊的機制。發訊的原稿，是從左上端依序以細小方格的單位（點），到原稿的右下端依序讀取。這套動作稱為掃描，此時，方格的黑色和白色，形成各別的電氣訊號傳送到收訊側。

　　收訊側，是把從電話線路送來的電氣訊號上的黑點印刷在用紙上，重現傳送的原稿。傳送時可以選擇畫像的鮮明度，此時點會比指定的更細小傳送，而收訊側也配合該狀況重現鮮明的畫像。

　　傳送的資料量並無一定時，會決定把某種量的資料從發訊側傳送後，在獲得收訊側的確認訊號後再傳送下一批資料的程序（稱為傳送控制程序）。

　　也有收訊側的用紙用完時，把傳送過來的資料記憶在記憶卡上的機種。此外，附有能印刷在普通紙上的印表機功能的機種也很普及。照片8.3，是家庭用的FAX／電話機的一例。

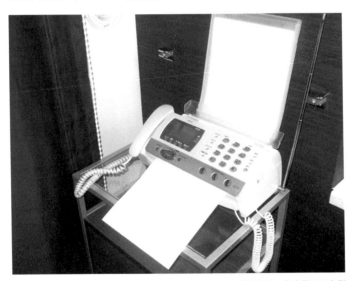

照片8.3　家庭用FAX之例

　　FAX的歷史悠久，原理是在1843年英國發明的。這是1876年貝爾電話實驗獲得成功之前的事。日本，是在1928年由各報社從京都向東京傳送天皇的即位典禮照片為肇端。

8-3　微波爐

以微波加熱

　　在家庭很普及的微波爐，英文是 microwave oven，是使用稱為微波（極超短波）電波的加熱烹調器。在加熱室的上部有加熱用管子的類型，是兼具電熱烹調器的微波爐，這是通電利用焦耳熱而成。

　　圖 8.7，是表示微波爐的構造。將想烹調的食品放入微波爐起開動作時，加熱室內會放射由稱為 Magnetron（磁控管，照片 8.4）的發振器所發出的 2.45 GHz 波長約 12 cm 的微波。

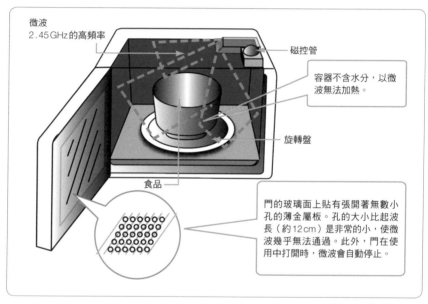

微波
2.45 GHz的高頻率

磁控管

容器不含水分，以微波無法加熱。

旋轉盤

食品

門的玻璃面上貼有張開著無數小孔的薄金屬板。孔的大小比起波長（約 12cm）是非常的小，使微波幾乎無法通過。此外，門在使用中打開時，微波會自動停止。

圖8.7　微波爐的構造

　　微波是頻率高（高頻率）的電波，能對放置在旋轉盤上的食品，聚集電能的構造。食品內含有多量的水分或油分，在微波照射之下，水

日本東北帝國大學（現東北大學）的岡部金治郎博士（1896～1984 年），在 1927 年開發使微波穩定發振的分割陽極磁控管。東北帝大時代的恩師八木秀次教授，是有名的八木・宇田天線發明者。

照片8.4 磁控管的外觀
（筆者使用的微波爐磁控管，
Panasonic（松下電器）製）

的分子等因微波的頻率（1秒間24億5千萬次）而振動。於是，以食品中的水分子間的摩擦熱加熱食品（圖8.8）。

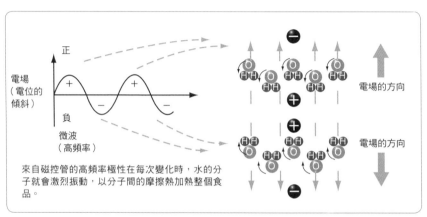

圖8.8 食品被加熱的機制

微波爐的簡單問題

微波爐的普及率幾近100％，因此在此解答各種的疑問或不可思議的問題。

①食品非均一加熱不可，但磁控管為何僅在1處呢？

加熱室是金屬製的箱子，正好設計成微波共振（共鳴）的尺寸。來自1處磁控管進入加熱室內的電波，反覆在金屬壁上反射，而使食品能大致受到均一照射。

微波爐的頻率2.45GHz，是在產業、科學、醫療的領域能使用的電波頻率，以電波法令作為ISM頻率（ISM：Industry Science Medical）所規定的一種。

②有加熱不均一的情形嗎？

　考慮是食品本身就不是均一的狀態，但以旋轉盤的旋轉可均一加熱食品。

　最近，也開發出沒有旋轉盤一樣可以獲得相同效果的製品，這是以內建於加熱室底部的金屬圓盤所作的天線發射微波。圓盤上有複數的天線元件，旋轉時可消除加熱不勻的方式。

③微波是否會從前面玻璃跳出的危險呢？

　仔細看著玻璃面，其實可看到在薄的金屬板上張開著無數的小孔。孔的直徑比發射的微波波長約12cm充分地小，微波幾乎無法通過，因此大可安心使用。可是，門上若有縫隙就會漏出，因此粗暴使用無法使門緊密關閉時，就有漏出的可能性。

④能以微波爐使食品的表面有焦痕嗎？

　為了有焦痕，必須以150℃以上加熱食品的表面，但是，微波是加熱水的分子，因此不會超過100℃。於是，開發能附上焦痕的特殊器皿，這是在器皿的表面塗裝鐵酸鹽或碳、金屬粉末等物質（高頻率發熱體），吸收高頻率加熱到150℃以上的機制。

　也有能直接解凍冷凍握壽司的不可思議的器皿。上面的生魚片須適度解凍，下面的米粒須加熱，似有其困難點。這種特殊的器皿，是從器皿的面伸出金屬製的齒，在齒的附近集中電能的構造，僅對米飯多作點加熱的機制（在卡拉ＯＫ店等作為業務用使用）。

⑤加熱中亮著的燈和加熱有關係嗎？

　如果加熱室是一片漆黑就看不到裡面烹調的狀況，這是為了照明用的燈。萬一燈不亮了，也不會影響加熱。

⑥附有烤架、烤箱的微波爐都以微波加熱嗎？

　烤架或烤箱，是和磁控管不同，是以位於加熱室內的發熱體來加熱。

8-4

電磁烹調器

IH電子鍋的機制

電子鍋，是以通煮飯用發熱體的電流來加熱的類型較為普及。煮好之後，保溫用的發熱體發生作用，作為保溫用的保溫電子鍋為主流。

另一方面，IH電子鍋也很普及。所謂IH，是英文Induction Heating的縮寫，是指以電磁誘導加熱之意。圖8.9，是表示IH電子鍋的機制。IH電子鍋，在底部有發生磁力的線圈，以磁力線發生的電流依電子鍋的內鍋電阻變換成熱，使內鍋發熱的機制。

溫度的調整，是以改變流通於線圈的電流強度來進行。最近的製品，是以附有溫度感應器測定鍋底的溫度來調整電流，防止過熱的裝置。

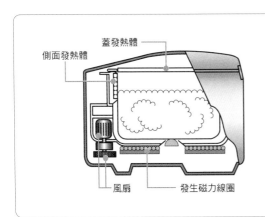

蓋發熱體

側面發熱體

IH電磁鍋

IH電磁鍋，是把線圈發生的磁力線經由電磁鍋的內鍋發生電流，以內鍋的電阻把電流變成熱，使內鍋本身發熱。

風扇　　發生磁力線圈

圖8.9　IH電子鍋的構造與機制

電磁爐（IH烹調發熱體）的機制

利用電磁誘導加熱，不使用火，因此也利用在烹調用的火爐上（照片8.5）。IH電子鍋是在底部內建線圈，而火爐的情形，是在放置平底鍋或鍋的頂板的下面裝有發生磁力的線圈。基本上，二者都是以線圈和高頻率發振器形成的。

圖8.10是表示其構造，當25kHz高頻率電流通過線圈時，線圈所發生的磁力線在鐵製的烹調器底部表面發生渦電流。

第5章已闡述電磁誘導，發現者法拉第是使用一次側、二次側的二

照片8.5　家庭使用的電磁爐（IH烹調發熱體）

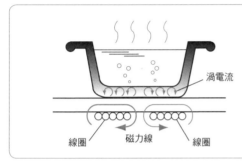

渦電流

在線圈通高頻率電流時，線圈就發生磁力線，在鍋底流動渦電流。以這種電流和鍋的電阻發生焦耳熱，加熱鍋。

線圈　　磁力線　　線圈

圖8.10　電磁爐（IH烹調發熱體）的構造與機制

個線圈。如果二次側不是線圈而是鐵板時，也會因一次線圈的磁力線發生誘導電流，但這情形是在表面發生漩渦狀的電流。而且，該電流會變化為25kHz，因鐵製烹調器的電阻而發生焦耳熱。亦即，加熱的機制是和IH電子鍋完全相同。

　　IH是利用金屬製烹調器的電阻，因此鐵製的較為適合。鋁或銅的電阻比鐵小，因此鋁製的或銅製的鍋不會充分發熱。此外，不鏽鋼鍋因不易生鏽而常被使用，這是在鐵內含約10％的鉻合金，是適合的烹調器皿。另外砂鍋等的陶器，因無法通電以致無法發生渦電流，因此不能作為烹調器使用。

　　鍋底圓弧形的中華鍋，是不適用於電磁爐上。這是因為底面無法和發生磁力線的頂板密貼，無法獲得充分的渦電流所致。使用太久鍋底不是很平的情形，因為和頂板的表面有部分會有距離，而有發熱不均勻的情形。

8-5 空調

空調的構造與機制

　　空調，是調節室內空氣狀態的裝置。僅1台即可作冷氣和暖氣使用，這是利用氣化熱冷卻或加溫空氣所致。

　　多數的空調，一般是分為裝置在室內的室內機和裝置在室外的室外機。室內機是附有冷卻器和送風用的風扇，再以循環冷卻用液體（稱為冷媒）的管子和室外機連接。

　　以位於室外機的壓縮機壓縮冷媒，把冷媒氣分為高溫、高壓的狀態。然後把這些送到位於室外機前面的散熱器，向外氣散熱時，冷媒就從氣體變成液體。接著，變成液體的冷媒以管子送到室外機的冷卻器，膨脹變成氣體時就吸熱。

　　如此般，液體變成氣體時所需的熱能稱為氣化熱，所吸取的氣化熱的部分受到冷卻，以風扇送出冷風（圖8.11）。

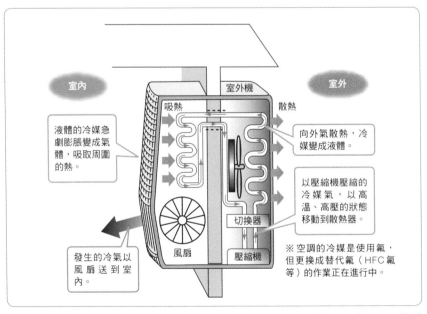

圖8.11　空調的冷卻機制

加溫空氣也是冷媒的作用

　　冷氣中是從室外機散熱。將這種熱利用在室內的暖氣上，就是暖氣空調的機制（圖8.12）。這被稱為加熱幫浦式空調，不過，放暖氣時的冷媒流向剛好變成和冷氣時相反。亦即，將壓縮機壓縮的冷媒變成氣體吸收周圍的熱，然後把這個熱送到室內機成為暖氣的機制。

　　長時間使用空調時，室內的空氣會變得乾燥。開暖氣空氣會變乾燥，是因加熱的空氣膨脹時，每一單位體積的水的分子數減少所致。

　　另一方面，冷氣中空氣也會變得乾燥。由於戶外室外機的細小管子會流出水，那部分就是室內空氣內所減少的水分。

　　這是因以冷媒冷卻的空氣中水的分子因結露被吸走所致，這是和冬天早晨在低溫的玻璃窗上凝結空氣中的水分變成水滴相同的現象。

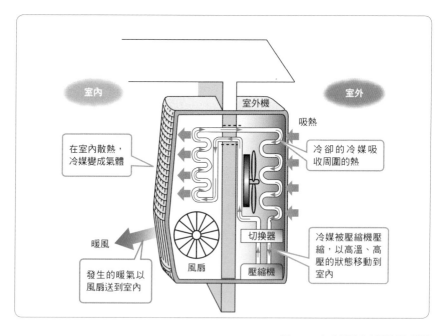

圖8.12　加熱幫浦式空調的暖氣機制

8-6 液晶電視和電漿電視

液晶電視的機制

　　液晶電視（照片8.6）所使用的液晶，就是液化結晶的簡稱，兼備液體和結晶的中間性性質。液晶的發現，是距今超過1世紀以上之前的1888年。據說是奧地利植物學家萊尼澤發現的，他在進行膽固醇的研究中，發現膽固醇化合物的結晶加熱到145.5℃就會溶解變成白濁的液體，到178.5℃就變成透明。他委託研究結晶的德國物理學家雷曼進行詳細研究，結果雷曼發現該液體具有依光的照射法改變屈折的結晶特有性質，而命名為「液晶」。

照片8.6　液晶電視（左）和電漿電視。乍看並無區別。

　　液晶的分子，通常對電極是垂直排列，但加上電壓時，那地方的分子就改變方向。液晶分子改變方向的地方和原來狀態的地方，光所通過的量會變成不同。於是，依此表現光的明度、彩度或色調而顯出畫像。

　　液晶本身不發光，因此液晶電視必須要有從背側照射光以顯明亮的背燈（稱為透過型）。圖8.13，是表示液晶畫面的機制。

　　光是混合在各方向振動的波，但是，僅向一定方向振動的光稱為「偏光」。圖8.13的偏光濾鏡，是僅讓朝一個方向的偏光通過的板，因此2片直交時，光就被遮斷。

　　液晶，就像是被稱為配向膜具有平行溝的2片板夾著（ａ）一樣，不對液晶加上電壓時，扭曲90度的液晶分子改變來自背燈的光的行進

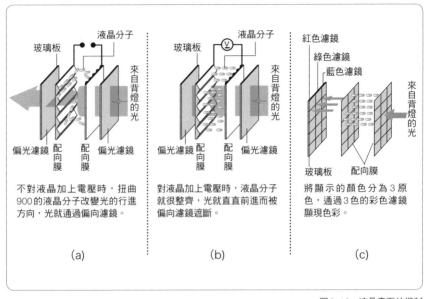

圖8.13　液晶畫面的機制

方向，光就通過偏光濾鏡。

　另一方面，如（b）般對液晶加上電壓時，液晶分子變得整齊，來自背燈的光直直前進，光就被偏光濾鏡遮斷。如此般，圖8.13液晶的分子看起來像是扭曲般，因此被稱為 TN（twisted nematic：扭曲向列）液晶。

　液晶螢幕是和顯像管螢幕一樣，組合光的3原色來表現顏色。如（c）所示，把顯現的顏色分為3原色，各別通過3色的彩色濾鏡以顯現色彩。

　彩色濾鏡上，有如（c）般以遮光膜張開小窗，但以3色顯現一個點（畫素）。點的大小是依畫面的大小而定，有製作成數 μ m 非常小。

　顯像管螢幕，從側面看明亮度不會有改變，但 TN 液晶螢幕從側方向

　Hi-Vision電視（HDTV：High Definition Television）的掃描線數是1,125條，是傳統電視畫面掃描線數525條的2倍以上。雖能顯示高解像度的畫面，但以播放電波傳送的資料量（影像訊號的帶域寬），必須要有傳統電視播放的5倍以上。

看，明亮度會有大幅的改變，是一大缺點。這主要是液晶分子的形狀不是球體，而是細長形，因此液晶的分子長度會因看的角度而變成不同，就是從細長棒子的方向看點，而改變了明亮度。於是，作為解決這問題的方法，在偏光濾鏡和玻璃板之間貼著所謂位相差軟片的軟片來改變液晶分子的方向。

電漿電視的機制

電漿電視的畫面，是使用薄型的電漿顯示器（PDP：Plasma Display Panel）。以紅、綠、藍（RGB）的3色表現彩色畫像，但發光的機制和傳統的電視不同。

有作為發生電漿的電氣機器的日光燈，電漿電視也是使用相同機制。圖8.14是表示電漿顯示器的機制。在2片的玻璃板上有電極，其厚度只有0.1mm。在此縫間加上電壓時，充填微小房間的氣體產生放電現象而發生紫外線，由此照射發出紅、綠、藍（RGB）光的螢光體，發出各別的顏色。

Hi-Vision 的進程

Hi-Vision，是NHK開發的類比高精細電視（HDTV：High

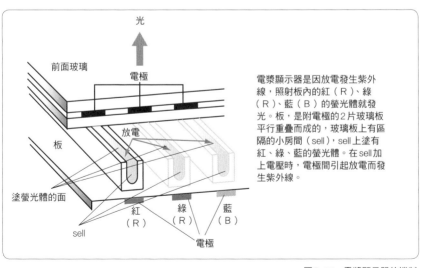

電漿顯示器是因放電發生紫外線，照射板內的紅（R）、綠（R）、藍（B）的螢光體就發光。板，是附電極的2片玻璃板平行重疊而成的，玻璃板上有區隔的小房間（sell），sell上塗有紅、綠、藍的螢光體。在sell加上電壓時，電極間引起放電而發生紫外線。

圖8.14　電漿顯示器的機制

Definition Television）。1964年在日本東京舉行的奧運會，透過衛星將彩色電視播放轉播到世界各國，因備受注目而被稱為電視奧運會。1965年，NHK轉播技術研究所著手研究、開發高品質的電視轉播技術，到了1982年，開發以轉播衛星進行類比轉播的MUSE（Multiple Sub-Nyquist-Sampling Encoding）方式。1989年開始實驗轉播，1994年開始和民營電視台共同實用化試驗轉播，該轉播規格稱為類比式Hi-Vision。

　　NHK為了將此技術變成國際性的規格，不斷展開標準化活動，美國是以數位轉播方式開始HDTV的開發，歐洲各國也跟隨美國方式，最後，日本也推展電視轉播的數位化。因此，現在的數位Hi-Vision轉播稱為HDTV才是正確的，但是，誕生於日本，為一般民眾所熟知的Hi-Vision名稱，迄今仍以1,080i（有效掃描線1,080條，交替方式）的解像度，指向16：9（所謂縱橫比）的電視轉播（照片8.7）。

　　2004年，筆者在NHK轉播技術研究所發表的超級Hi-Vision的映像備受注目。整個畫面顯現廣大森林的映像，連樹幹或葉片都可以鮮明展現而令人備感驚奇。

　　顯像的螢幕是9.8 m×5.6 m，對角是450英吋的大畫面。掃描線數有4,000條，畫素數是7,680×4,320，足足有Hi-Vision的16倍。音響設備也相當卓越，很有身歷其境的臨場感。

照片8.7　Hi-Vision的畫像（左）和類比畫像

8-7

數位相機和錄影相機

數位相機的機制

數位相機也和軟片相機相同，都是透過鏡頭吸入來自想拍物體的光。軟片相機是把這種光在軟片上感光，至於數位相機則如圖8.15所示，是以CCD（Charge Coupled Device）把畫像的光量數值化來記憶。

所謂CCD，是受光時就會釋出電子的元件，在數mm四方的矽上配置數十萬個以上的畫素。這些元件各擁有色彩的資訊，因此，CCD的元件數越多，所拍攝的畫像就越細膩。

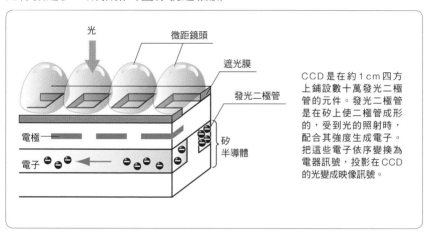

CCD是在約1cm四方上鋪設數十萬發光二極管的元件。發光二極管是在矽上使二極管成形的，受到光的照射時，配合其強度生成電子。把這些電子依序變換為電器訊號，投影在CCD的光變成映像訊號。

圖8.15 CCD的機制

數位錄影相機

數位錄影相機，是和數位相機一樣都利用CCD。動畫是在一定時間拍攝數張畫像，重播是一張張播放，因此，拍攝畫像資料的機制本身

一般電腦使用的顯像器是設定在1,024×768或1,280×1024畫素。這數字是橫向和縱向的畫素數，例如1,024×768的情形，就變成786,432畫素≒79萬畫素。另一方面，數位相機的畫素數高達數百萬到千萬畫素，把1畫素以1pixel表示時，就會從畫面溢出。為了加以縮小顯示在畫面上，就必須把原來的資料加以疏拔。可是，印刷時的點的大小就變成1200dpl（1200點／英吋），就比顯像器的畫素小，因此會受到相機的畫素數左右。

照片8.8 高性能數位相機和數位攝影機

是和數位相機沒兩樣。

數位相機或數位錄影相機（照片8.8），是可以當場確認所拍攝的畫像，而且可以用電腦作各種的編輯。此外，畫像的數位資料能以電子郵件傳送。

可是，CCD的元件數決定完成時的畫像鮮明度，因此，為了獲得和軟片相機一樣的畫質，必須有高價（高解像度）的相機。

現在的數位相機或數位錄影相機大都附有防手振功能。電子式的防手振，是把攝影畫像的一部分讀入記憶卡，然後把最初攝影的畫像和其後攝影的畫像作比較。計算其差後自動移位到攝影領域來攝影，因此適合動畫的攝影，這是數位錄影相機所使用的方式。

另一個是在鏡頭內設置振動陀螺儀（驗出旋轉速度的感應器），把鏡頭轉動到驗出振動量的補償方向的方式。

如此般的手振補償，特別在使用高倍率鏡頭時非常便利，但是，最近很普及的小型數位相機很容易引起手振，因此，防手振是很重要的功能。

振動陀螺儀，是約10mm四方的小零件，攜帶型遊戲機也有搭載，開發納入活動的新遊戲。此外，無線遙控汽車或無線遙控飛機的姿態控制等也有使用。

8-8 # 汽車與電

電動汽車

　　電動汽車，顧名思義，是利用電力啟動的汽車，一般是指能以充電的二次電池旋轉馬達行駛的種類。以太陽電池為電源的太陽能汽車、組合汽油引擎和電動馬達的電力內燃兩用汽車，也都包括在電動汽車內。

　　此外，使用汽油啟動的汽車，在現在如果沒有電的作用也就無法成立，因此，在此說明一般汽車所使用的電。

車內LAN

　　圖8.16，是表示位於汽車內部的緩衝氣袋的配線狀況。當搭載在汽車的緩衝氣袋或感應器的數目增加，就有如（ a ）般連接控制配置在中央引擎電腦的ECU（Electronic Control Unit或Engine Control Unit，電力控制單元）訊號線的數目增加的傾向。實際上，除了該圖以外還連接了眾多的訊號線。

　　思考電的配線時，在一個機器上必須有成為電子通道往返一對的電線，以1條來表現就像是（ a ）的情形。在車內，有如此般眾多的配線成束，被稱為Wire harness（導線鞑具）。

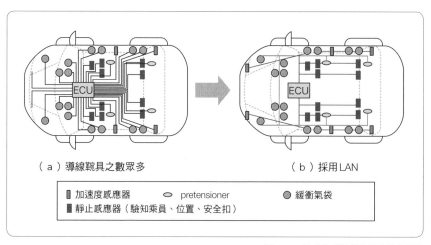

圖8.16　汽車內部的緩衝氣袋及其配線

另一方面，（ b ）是配線清楚。這是利用所謂LAN（Local Area Network）的網路技術，以1條的LAN電纜向多數機器傳送電氣訊號的配線。如此般減少導線鞭具即可減少車的重量，在減少燃料費方面更下工夫。

汽車導航系統

汽車導航系統（Car-Navigation System），是依據記錄在DVD等的地圖資料和人造衛星所發出的電波，將行駛中的位置重疊在電視螢幕的地圖上，即可了解自己的所在的位置。於是，汽車必須有設置接收來自人造衛星電波的天線、依電波特定位置的電腦（汽車導航本身）、讀取地圖資料的DVD或CD-ROM機器、顯示地圖的電視螢幕等。

汽車導航所接收的電波，是從GPS（Global Positioning System）衛星發出的。GPS，原本是美國國務院開發的軍事技術，正確測定在地面移動物體位置的方法之一。

ETC

ETC（Electronic Toll Collection System），是不用停車即可自動繳費的系統，在高速公路等收費站不用停車就能通過，可解決塞車問題。為了利用ETC，汽車內必須裝置含ETC卡的車載器，在駛入收費公路通過ETC專用車道時，由位於升降柵內的天線和道路管理者的電腦通訊，記錄車載器的資訊。在出口也做相同的通訊，然後從以車載器資訊獲得的駕駛員銀行帳戶等自動扣除費用（圖8.17）。

ETC的車載器，是從天線發出頻率5.8GHz電波，和設置在公路上的天線通訊。該頻率的電波波長約5cm，如果公路方面的金屬柱也是相同的尺寸，即可如天線般發生作用。雖然不是非常精確的5cm長度

電波碰到物體（尤其是金屬）就會反射，結果就變成驗出前方障礙物的感應器。雷達（Radar），是從Radio Detection and Ranging（無線探知測距）作成的頭字語，作為探知敵機軍事用所開發的技術。使用波長長的電波即可探知遠方，但分解能力低。於是，在汽車防止追撞的雷達上，是在波長短的mm波（波長10mm～1mm，頻率30～300GHz）中，主要使用76～77GHz。此外，在雷射（紅外線）等也有使用。

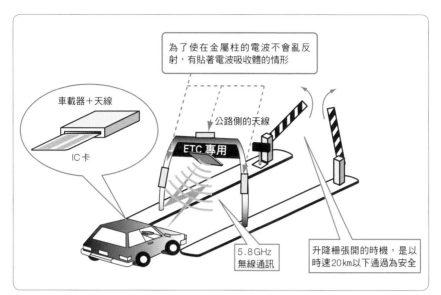

圖8.17　ETC（無需停車自動繳費系統）的機制

的柱子，不過有縱向連接幾支更長金屬棒一起進行相同動作的情形。

　　在此之下，作為天線開始動作下再放射的電波就混在一起，致使收費站的裝置無法讀取資訊。日本在開始使用ETC之前，即以此為原因在通訊上發生障礙，對按照預定通車計畫帶來變數。此時，在金屬柱上貼著可吸收電波的特殊墊子，防範事故於未然。

防追撞雷達

　　安全帶和緩衝器囊等輔助裝置，是在事故後啟動的裝置。相對於上述裝置，以防範交通事故於未然為目標，開發了汽車防追撞系統的車上雷達。

　　設置於車輛前方的雷達感應器，一邊行走一邊發射短波長的電波，由前方車輛反射回來的電波來計算車距和前方車輛的速度。因此，如果太靠近前方車輛的話便會發出警示音，若判斷有追撞的可能性時，便會自動啟動煞車等以上機能。

8-9　磁卡、IC卡和無線式卡

磁卡

在電車車票的背面或銀行提款卡的黑帶上，記錄了磁化的各種資訊。圖8.18，是表示在這些磁卡上書寫資訊的機制。卡的黑帶被稱為磁條，這是塗上氧化鐵等磁性體而成的。磁性體是從外部加上磁氣時，就會像磁鐵般被磁化，因此能以2進位法記錄依序變細小且磁化的部分。

在1條磁條上能記憶的文字或數值的資料量有限，例如提款卡的情形，僅能記錄銀行代碼、帳號、密碼的程度。

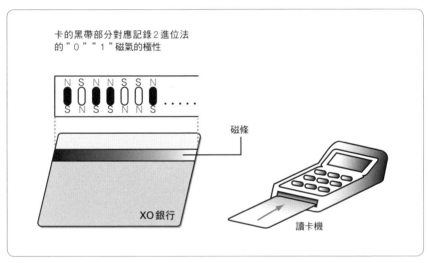

卡的黑帶部分對應記錄2進位法的 "0""1"磁氣的極性

磁條

XO銀行

讀卡機

圖8.18　磁卡的機制

IC卡

IC卡的尺寸或形狀是和磁卡完全相同，沒有磁條，且在薄卡的內部

2006年，日本開始接受附有IC晶片的新型護照申請。在以防止偽造為目的的護照上，組入IC晶片和線圈天線，使用專用裝置時，即可讀取姓名、國籍、出生年月日、護照號碼等資訊和護照的照片。

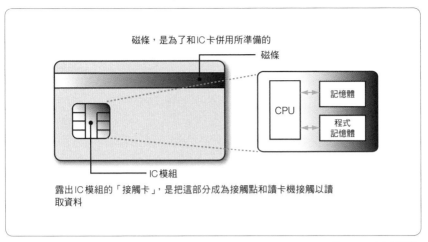

磁條，是為了和IC卡併用所準備的

磁條

記憶體

CPU

程式
記憶體

IC模組

露出IC模組的「接觸卡」，是把這部分成為接觸點和讀卡機接觸以讀
取資料

圖8.19　IC卡的構造

含有IC（積體電路）。

　　圖8.19是表示IC卡的構造，不過，也有不具有一部分電話卡所使
用的CPU（中央處理裝置）的類型。具有CPU的類型，是IC必須具
備和電腦相同的CPU、程式記憶元件以及資料用的記憶體。記憶在記
憶體上的資料量比磁卡更多，記憶密碼資料不致被惡用等以確保安全
性。

無線式卡和錢包手機

　　無線式卡，是替代IC卡的磁條而附有天線，僅將卡片接觸讀卡機即
可交換資料。這也被稱為非接觸IC卡，不過，和可讀寫的讀卡機距
離非常短。此外，將無線式的卡片部分內建於手機的種類稱為錢包手
機。這些可替代電車的車票使用，亦可作為電子貨幣替代金錢使用。
此外，未必都作成卡的尺寸，有小型化作成無線式卡替代行李籤或價
碼籤使用。

使用磁卡的ATM

　　ATM（自動存提現金機），是設置在銀行、郵局或便利商店的現金
提款、存款、查詢餘額等的終端裝置。讀取輸入在磁卡上的資料，確

認本人之後，檢查所投入的紙鈔是否為真鈔。主要的檢查是紙鈔的尺寸、厚度與紙質、印刷圖樣或色彩濃度等，使用光感應器或畫像感應器來檢查。

磁卡的磁條上，記錄銀行代碼、分行代碼、帳號。此外，輸入密碼時，銀行的主電腦就會對照資料，因此無法非法使用。

銀行的主電腦和ATM是以通信網連接，也和合作的其他銀行、郵局或便利商店等的ATM進行交易，正逐步邁向網路化。

COLUMN

車站的自動剪票系統

車站的自動剪票機，不僅可讀取磁條的車票，也能使用附有信用卡功能的非接觸IG卡（照片8.A）。為此，剪票機和集中管理電腦相連接，接收非法利用或停止利用卡的對照資料。2007年10月，日本首都圈的JR、民營鐵路、地下鐵等車站發生無法讀取資料，使自動剪票機無法運作的棘手問題。這是以剪票機的IC卡處理部的程式為原因，但是，廣範圍的系統即使是些許的小錯誤也會演變成大規模的問題。

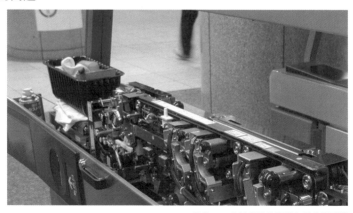

照片8.8 高性能物位相機和數位攝影機

第9章

電波和光

9-1 何謂高周波

電腦是以高周波動作

所謂高周波，顧名思義，是指高頻率的交流電。在空氣中傳送振動的音波也有高頻率，一般稱此為超音波。

此外，手機或電視的電波也是在空間傳送的電場和磁場的波，因此，高頻率的電波也稱為電周波。在此，除了音波，也對高周波的電流和依此發生的電波（電磁波）作說明。

曾否聽聞電腦的「CPUclock的頻率是4GHz」嗎？所謂clock，是指時鐘，不過，在電腦的情形是指為了取得一個個動作的時機所使用的週期性信號。

所謂4GHz的頻率，是1秒間40億次的時機，因此，以各別的時機依序實行電腦的命令或演算來說，可知其計算速度是如何神速。clock，可說是相當於人的心臟的跳動。

從哪裡開始就是高周波呢？

有高周波，就有低周波，其境界在何處呢？

依電子辭典，所謂高周波是指「比一般的基準或範圍的頻率高的頻率」，如此的境界似乎可以自由決定。

例如，就電力的處理而言，是比家庭的商用頻率50Hz或60Hz還要高的頻率，因此，50Hz（60Hz）就是境界。

此外，作為別的境界，是以和輸電的電線長度相關作決定。假設連接某市的變電所及其鄰市的變電所的輸電線長度是10km時，例如把相當於1,000倍波長的頻率以30Hz為境界時，以該定義而言，商用頻率就是高周波。無論如何，令人不可思議的是「高周波」並無嚴格的定義，在此是以電波的頻率為3kHz到3THz，或者在這以上的光的領

在自由空間傳送的電波波長和頻率，有如下的關係。

$$f \, [\text{Hz}] = \frac{3 \times 10^8 \, [\text{m/s}]}{\lambda \, [\text{m}]}$$

f：頻率，λ：波長。3×10^8[m/s]是電磁波的速度。

現在，假設某市和某市間的距離以10[km]的1,000倍波長λ計算時，λ＝10[km]×1,000＝1×10^7[m]時，f就變成30[Hz]。

域來處理。

高周波的電流會偏向

　　觀看電腦或手機的基板時，會發現電路並非以銅線，而是以扁平的細線製作。如遊戲機般使用高周波的家電，電路幾乎是使用像這樣的 Micro Strip（微帶線）線路的配線。

　　在薄又寬廣的線路上通高周波的電流時，電流是沿著線路的兩端強力流通。思考導體的靜電荷時，電子相斥互相推向線路相反的邊緣，但認為高周波也有相同的現象。照片9.1和照片9.2，是頻率100 kHz 和1 MHz時的電流。了解前者的邊緣電流稍強，不過，跨越線寬方向幾乎流通相同強度的電流。

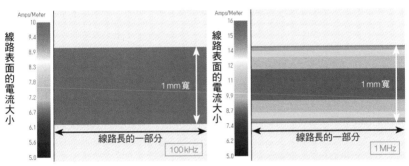

照片9.1（左）、照片9.2（右）　依據電磁場模擬程式Sonnet模擬結果，顯示線寬1mm的Micro Strip線路表面的電流分布。在100kHz的信號，跨越線寬方向幾乎流通相同強度的電流，但也了解比這高的頻率1MHz的情形，是在線路的兩端流通強大的電流。

　　此外，頻率高數位的後者，有更強大的電流在線路的兩端流通。由此可想像，頻率越高，電流越偏向邊緣，這被稱為「邊緣部的特異性（edge singularity）」。

　　如果，導體邊緣的厚度無限小時，以無限大的電流密度僅偏向無限小的邊緣部。如此假設時，無限的電場把構成導體的原子向導體邊緣

①電移是流通過度的電流，最壞的情形有積體電路等斷線的情形。
②kHz（千赫茲）是Hz的1,000倍，MHz（百萬赫茲）是1,000,000倍，GHz（十億赫茲）是10^9倍（＝10億倍），THz（兆赫茲）是10^{12}倍（＝1兆倍）。

的外面跳，因此不能認為是無限薄。構成金屬的原子以和電子衝撞而移動的現象，稱為電移（Electro Migration）。

僅接線路寬的說明，這次是思考線路導體的厚度。金屬等良導體流通的電流，其頻率越高，越接近表面流通，這稱為表皮效果（skin effect）。依此在導體內部流通的高周波電流，在和表面的距離（深度）更增時，會成為指數函數性的減少，然其比例是以 e 為底，以 $1/e$ 表示（e 是自然對數的底 2.718…）。

那麼，實際檢查電流流通到多少的深度。有表示高周波在導體表面流通的公式。對導體表面的電流振幅，電流振幅變成 $1/e$ 的點，距離表面 δ 時，把 δ 稱為表皮的厚度（或表皮的深度：skin depth）。

$$\delta = \sqrt{\dfrac{2}{\omega \mu \sigma}}$$

ω：角頻率（＝2πf）　μ：透磁率（真空中是 4π×10⁻⁷[H/m]）　σ：導體的導電率

例如銅的情形，其導電率 $\sigma = 5.8 \times 10^7 \,[\text{S/m}]$，上式就變成如下。

$$\delta = \dfrac{0.066}{\sqrt{f}}$$

f：頻率〔Hz〕

由該式可知，電流隨著頻率越高，越接近導體的表面流通，頻率的平方根逆數產生效用。

例如，頻率 50Hz 的家庭交流電是，

$$\delta = \dfrac{0.066}{\sqrt{50}} \fallingdotseq 0.009\,[\text{m}] = 9\,[\text{mm}]$$

以 1MHz（＝1,000,000Hz）的頻率，就變成如下，

$$\delta = \dfrac{0.066}{\sqrt{1000000}} \fallingdotseq 0.000066\,[\text{m}] = 0.066\,[\text{mm}]$$

可以認為電流在實用上幾乎是在表面流通。

Hint　　2007年，阿爾卑斯電氣公司完成利用人體進行通信的「電場通信模組」。以發信機側將來自手提音響的信號加以變調，以人體為媒介經由接收機側的感應器加以復調，從擴音器播放音樂。這是人體扮演如同電容器角色，利用電場的變化來通信，因此，即使不直接觸及模組也能通信。組入手機時，或許就可以和握手的人交換電子郵件。

電波是高周波

　手機所使用的電波的主要頻率，是 800 MHz 帶或 1.5 GHz 帶。此外，地面波數位電視所使用的電波的頻率範圍是 473 MHz（13 頻道）到 767 MHz（62 頻道），因此這些的電波都是高周波。

　電波是在空間傳送電能，但因頻率而有不同的動作。如手機般適合較近距離通信的電波，也有如國際廣播或業餘無線電家使用的短波（3～30 MHz）般在電離層反射達到地球背側的電波。

　在最近被稱為 Ubiquitous 網路社會（圖 9.1），是利用無線通信急速開發的便利機制。電波，是眼睛看不到，手也觸摸不到的，但是，調查其性質是在了解電的機制上非常重要的事。

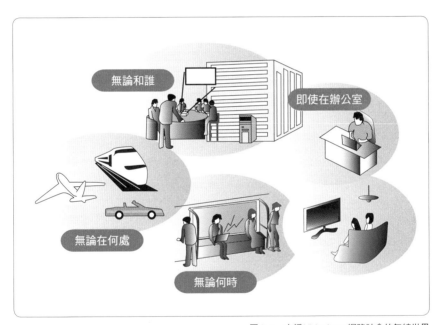

圖 9.1　支援 Ubiquitous 網路社會的無線世界

 　　　所謂 Ubiquitous 網路社會，是指提供「無論何時、無論何處、無論是誰」連接電腦網路的多樣服務，使生活變得更豐富的社會。為了加以實現不可欠缺的是，使用電波實現通信的「無線世界」。

9-2

電波的發生

馬達的雜音是電波

在靠近電視的地方使用電動刮鬍刀時，顯像管的螢幕畫面會有閃爍的情形發生。此外，靠近收音機時會出雜音，這些的原因都在於旋轉刮鬍刀刀刃的直流電馬達構造。馬達的線圈上雖有刷子，但這些刷子旋轉擦到整流子時就會看到火花。這稱為火花放電，是在極短時間內出現大變化的電荷發生各種的頻率電波。於是，即使是電視或收音機般不同的頻率也會受到妨礙。

此外，電視台或廣播電台使用的相機或麥克風的開關在開閉之間就開始通電流，因此對會對播送帶來妨礙。

於是，播放台會使用在電器行沒有販售的特別的無雜音開關。

發生電波的機制

妨礙電波，是偶爾會發生的惱人電波，這也稱為「放射雜音」或「不要輻射」。另一方面，手機所用的電波是通信上非有不可的，因此有確實發生的必要。

為此或許會說使用火花放電，這是在1888年物理學家赫茲所想出的創意。可是，並非赫茲突然有的靈感，而是在此之前世界上就有首次預言「確實發生電波」的人。

那個人的姓名是馬克士威

英國（蘇格蘭）物理學家詹姆斯・克拉克・馬克士威（1831～1879年），是一個從小就喜愛畫畫，自己一人玩樂的少年。幾個咬合的時鐘齒輪向哪個方向旋轉，以傳達力量呢？「為什麼呢？」「會如何呢？」不斷提出質問的詹姆斯少年，即使長大成人，終其一生都不斷有素樸的疑問。

對於法拉第所想出的磁力線，以「畫」說明電磁誘導（製作和線圈中磁力線想變化的方向相反的磁力線圈時，就會發生電）現象。

馬克士威不僅使用圖解，也非常擅長數學，因此努力設法以數式解說磁力線的圖，1857年，發表所謂『有關法拉第力線』的論文。接到

看過該論文的法拉第的信函後，二人開始交流，其後在1861～64年發表『有關物理學性的力線』和『電磁場的力學理論』，導出馬克士威的方程式，終於預言「確實發生電波」。接下來，再稍微詳細探討馬克士威的頭腦。

馬克士威首先開始畫圖

法拉第的電磁誘導，是所謂「因磁場變化產生起電力（發生電壓），產生誘導電流（流通）」。馬克士威想像如此的狀況，使用擅長的圖解思考相互咬合的齒輪。此時的他，或許想到少年時代熱中描繪的時鐘齒輪的圖。

以圖顯示法拉第在如圖9.2所示般的線圈通電流時，其周圍會形成磁力線的漩渦（環形的磁場），磁力線成束相鄰的都朝向相同的方向。馬克士威依此表現圖9.2（a）所示的「磁場的渦」（馬克士威本身稱為「渦」）的旋轉，但為了精鍊創意而省略線圈部分，將磁場形成的方法作成模型。把這些以齒輪作成圖9.2（b）時，對A，B是逆旋轉。

於是，就如圖9.2（c）般在中間組合小「游戲齒輪」C，表現相鄰的A和B的渦作用。在馬克士威的時代，認為空間是充滿所謂乙醚的媒質，如此般力學性的模型，或許就是自然的發想。

他是依圖9.2想出如圖9.3般的奇妙模型（為什麼是六角呢？不問他或許就無法了解，可能是他在少年時代拿蜂巢來玩吧）。這次磁場的渦是六角柱的齒輪，但渦和渦之間有如柏青哥珠子般的東西。聽說他

照片9.3　馬克士威的肖像畫及其電磁方程式的一部分中央的式子，是使用德語字體，含變位電流項的式子（C＝K＋D）。D表示變位電流（displacement current）。

照片9.4
法拉第的肖像畫及其製作的線圈。

①馬克士威，和發現電磁誘導定則的法拉第親密交往，法拉第定則變成馬克士威的電磁方程式（1864年）之一（照片9.3）（照片9.4）。

②乙醚，英文寫成Ether。成為在LAN使用的Ethernet的語源。因愛因斯坦，否定乙醚的存在。

電流　　　　　　　　磁力線

在法拉第的線圈周圍形成磁力線的渦（環狀的磁場）。

（a）是表示「磁場之渦」的旋轉。（b）將此以齒輪作成如（b）般，對A，B是逆旋轉。於是，如（c）般在中間組合小的「游隙齒輪」時，便表現相鄰的A和B的渦作用。

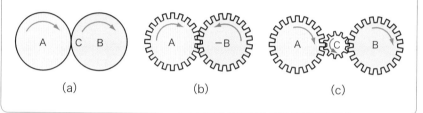

(a)　　　　　　　　(b)　　　　　　　　(c)

圖9.2　使用齒輪的「磁場之渦」模型

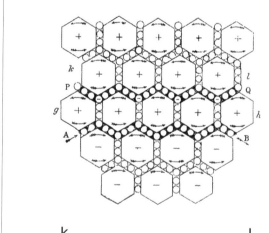

位於以六角柱表現的渦和渦之間，有如柏青哥珠子般的東西，稱為「電氣微粒子」，以這些的運動把「電氣微粒子流」視為誘導電流。

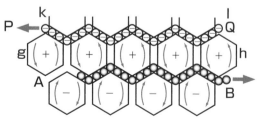

產生法拉第誘導電流的狀況。A－B的柏青哥珠子從左向右移動時，g－h是一起向反時鐘方向旋轉，P－Q的柏青哥珠子是從右向左移動，產生誘導電流（P－Q的一列）。

圖9.3　馬克士威所想出的電磁現象模型

把這稱為「電氣微粒子」，當齒輪旋轉時，就以摩擦開始旋轉，齒輪的位置不變，僅柏青哥珠子在動。

他可能就像這樣認為，在空間塞滿磁場（齒輪），在當場旋轉的狀態。

馬克士威想利用這張圖說明的是，從他的論文『有關物理學性的力線』摘要如下。邊看圖9.3邊讀時，『在Ａ－Ｂ的電流從左向右流通時，ＡＢ上的渦列ｇ－ｈ是反時針（以＋標記）開始旋轉，「渦」列ｋ－ｌ還是靜止。夾在這兩列的「電氣微粒子」層，下側是由ｇ－ｈ驅動，但上側卻是靜止的狀態。當「電氣微粒子」層開始活動時，就開始以順時針方向旋轉，從右向左移動』。

如此般，柏青哥珠子成一列慢慢移動的狀態，就是電流流通的表現。而且，他把這種活動命名為「電氣微粒子流」，說明法拉第誘導電流的產生。

馬克士威接著思考的事情

馬克士威的老師是法拉第，而法拉第的老師可說是安培。雖無師徒關係，但法拉第在巴黎時曾拜訪安培。安培曾對他表示，「依電流，在電線周圍產生磁場」，法拉第便依此描繪線圈周圍的磁力線。

那麼，馬克士威是在如圖9.4（ａ）般「依電流，在電線周圍產生磁場」時，便如圖9.4（ｂ）般切開通電流的電線，在此連接以2片導體板作成平行平板電容器，思考電容器周圍的磁場將會變成如何。

連接電池時，就開始通電流，電流一直通到電容器蓄積電荷。馬克士威，特別思考通電流時電容器周圍的狀況。極板之間的空間沒有電子的移動，因此沒有電流的流通。如此一來，磁場僅在電容器的部分中斷，但如此就不自然。於是，馬克士威認為如圖9.4（ｃ）般在極板間也和電流一樣發生磁場。

 圖9.2或圖9.3的渦模型，在短暫期間並無支持者。這主要是當時認為在通電流的導體和磁鐵之間會產生力，是依牛頓定則的引力和相斥力（遠隔作用的力：在離開的物體間瞬間產生作用的力）所致。可是，該模型明確表現了近接作用的力（透過媒質依序產生作用的力）。

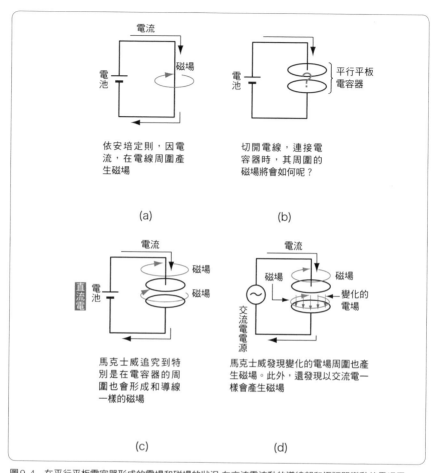

圖9.4　在平行平板電容器形成的電場和磁場的狀況 在交流電流動的導線部和極版間變動的電場周圍，產生磁場。

　　實驗結果，確認實際上在電容器周圍也產生磁場，於是，馬克士威認為在沒有任何東西的電極間，也有「發生磁場的某種東西」。

　　馬克士威繼續思考「為什麼？」。通電流期間，在電容器內蓄積在電極的電荷發生變化。而且，隨著電荷的蓄積，庫倫發現的力變強，電場的強度也發生變化。亦即，他所蒐尋的「為什麼」，就是所謂的「電場的強度變化」。

　　由此可知，發生磁場的不只是在電流的周圍，在「變化的電場」周

圍也發生磁場。

這種假想性的電流由他命名為變位電流，將導體內的電流（傳導電流）一起視為電流時，便產生電流在所有場所都是連續的方程式。

電場和磁場在空間傳導

法拉第的電磁誘導，是所謂「變化的磁場形成電場」的定則。在此組合馬克士威的「變化的電場形成磁場」定則時，首先，如果有電場的變動，就會形成磁場的變化，而且，形成電場，電場和磁場交互形成對方成波傳導空間。這就是電場和磁場的波，亦即電磁波。電波和電磁波的用詞雖然相似，但是，電波在電波法的定義是「三百萬 MHz 以下頻率的電磁波」。

馬克士威是如此般預言電磁波的存在，而對在空間傳導的電磁波速度也作理論性的計算。其值大約是 3×10^8〔m/s〕，和光的速度相同。於是，他便唱導光是所謂電磁波之一種的光的電磁波說（1861年）。

馬克士威，是以齒輪的模型說明法拉第的電磁誘導。可是，他絕非僅以圖來立定假說，齒輪只是作為輔助性用的。擅長數學的他，導出很多的方程式，而在此完全看不到齒輪。

馬克士威預言的電磁波，在他辭世後的9年，由赫茲加以實證。他僅擁有48年的歲月，如果讓他稍微長壽一點，或許會對赫茲成功的實驗感到狂喜。

帶電體被吸引的空間就是電場

石子一離開手就會落下，是因我們在重力所及的世界，亦即「重力場」。在電氣的場合，相當於重力場的東西稱為「電場或電場」。替代石子改拿帶電體時，會受到來自電場的力，因此，此處就是電氣之力所及的世界，亦即知道就是「電場」。

只不過，電氣的場合，和重力不同，有正（＋）和負（－）的2種類，因此，若是帶正的帶電體，所吸引的方向定為電場的方向。此外，越強力被吸引，其電場越強。於是，該電場的強度和重力場相同，以具有大小和方向的向量表示。

在多數的觀測點調查電場，以箭頭表示電場的向量，把這些連接起

來的線稱為電力線。圖9.5，是把圖9.4電容器邊緣附近的電力線以實線表現。

此外，虛線是連接電位相等場所的等電位線。從電容器邊緣溢出的電力線的一部分被推出到空間時，就如天線般將電磁波像空間放射。

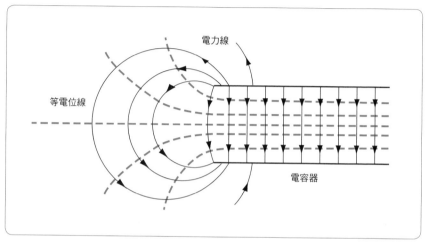

圖9.5　電容器邊緣附近的電力線和等電位線的狀況

9-3 測量空間的電

實證存在電磁波的赫茲

筆者曾在慕尼黑的德國博物館，偶然發現如照片9.5的「赫茲的偶極」。依館員所言，這是真品，赫茲的實驗似乎會復甦。

德國物理學家海因里希・赫茲（1857～1894年）（照片9.6），製作如圖9.6的實驗裝置，實證馬克士威預言的電磁波的存在。這是把從誘導線圈兩端伸出的導線設有縫隙連接小金屬球，在導線伸出的先端附上金屬的平板或球體。

照片9.5 赫茲的偶極（慕尼黑的德國博物館）

照片9.6 左為赫茲，右為馬克士威的肖像圖

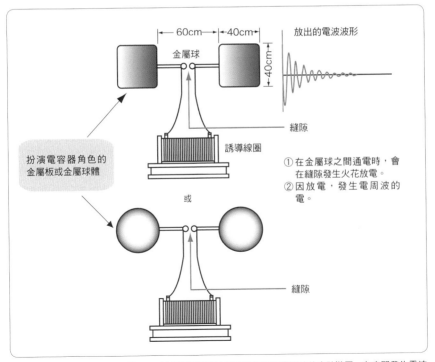

圖9.6 赫茲實證馬克士威預言的存在電磁波的實驗裝置，在空間發生電波

捕捉電波的收波裝置

有否觀測預言存在於空間的電波（電磁波）的方法呢？赫茲以如圖9.7的環狀裝置，企圖確認被誘導出來的電氣（磁氣）。

在環的先端設有縫隙的小金屬球，當誘導線圈的附近感受到電時（被誘導），在縫隙會發生火花放電。某日，他偶然察覺這種裝置隔著空間遠離誘導線圈時，也能觀測到火花。

這種捕捉在空間傳導的電波能量的裝置，就相當於現在的收訊機，當時是稱為收波裝置。

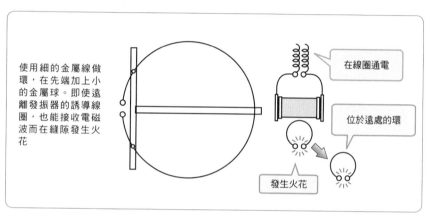

使用細的金屬線做環，在先端加上小的金屬球。即使遠離發振器的誘導線圈，也能接收電磁波而在縫隙發生火花

在線圈通電

位於遠處的環

發生火花

圖9.7　赫茲的收波裝置（1888年）

發生電波的傳波裝置

圖9.6的誘導線圈有一次側和二次側，在一次側連接伏打電池或萊頓瓶開閉開關（法拉第的電磁誘導機制）。如此一來，因二次側發生的高電壓產生火花放電，如電動刮鬍刀的雜音般發生高周波。這個裝置也被稱為赫茲的電波傳波裝置，相當於現在無線發訊機的原型。

而且，他也如圖9.8改變收波裝置的環的長度進行觀測的結果，發現火花在某長度變得最強。這是依構成傳波裝置的金屬板或球體的大小、相互的距離等決定發生特定頻率的所謂「共振」現象。

共振現象，是類似聲音的共鳴現象。聲音是以振動空氣來傳導，但是，管樂器是依空洞的大小決定共鳴（共振）的頻率，亦即聲音的高度。另一方面，電的共振是電能和磁能交替反覆保持的現象，而以此

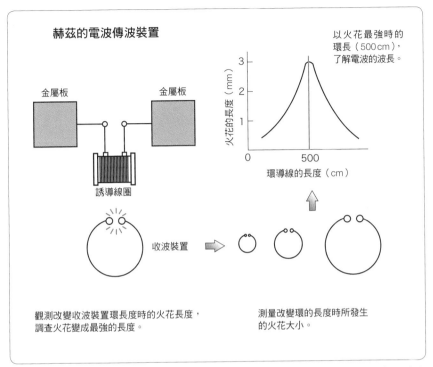

圖9.8 赫茲發現共振現象的實驗（1888年）

反覆的時間決定共振的頻率。

電能是蓄積在電容器內。此外，磁能是在線圈或電線的周圍形成。圖9.8赫茲的實驗裝置，傳波裝置兩端的大金屬板可能就是大型的電容器。

此外，在連接這些的電線周圍發生磁場。另一方面，收波裝置也是在小的金屬球之間有電能，而在鐵絲上匝一圈的線圈周圍發生磁能。

各別的尺寸改變時，所發生的能量也改變，配合此狀況，共振的頻率也改變。

測量電波的波長

了解共振現象，便了解只要把收波裝置的環長配合想接收的電波波長即可。於是，接下來是調查特定頻率的波長，發展出如圖9.9的實

驗裝置。

　　赫茲，是在傳波裝置的一片平板上平行放置另一片平板，移動電荷後拉出12 m導線。然後，沿此以收波裝置調查在直線導線周圍的磁場強度。

　　移動收波裝置時，發現會周期性出現火花的強弱，部發出火花的地方是在2.5 m、5.1 m、8 m等處。傳到導線上的電波是以山和谷反覆，因此所測定的間隔應該是波長的一半，因此可知電波的波長是約5.7 m。

　　依此功績，頻率的國際單位沿用他的名使用Hz（赫茲）。

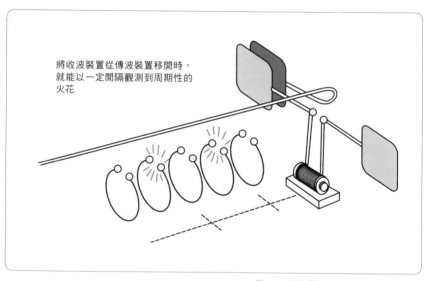

將收波裝置從傳波裝置移開時，就能以一定間隔觀測到周期性的火花

圖9.9　測定電波波長的裝置（1888年）

9-4　天線的任務

天線的種類無限

　　最近的手機天線都變成內建，但是，初期的天線是拉出塗裝塑膠的金屬棒的類型。One seg 的電視收訊用天線也是屬於這類型，而最簡單的天線是把鐵絲筆直伸展即可。不過，赫茲在世界最早製作的天線，是如前項所見在鐵絲的先端加上金屬板或金屬球的構造。圖9.10，是表示直至今日所使用的天線變遷年表風，從上段依序分為接地系、非接地系、開口面系的三組。

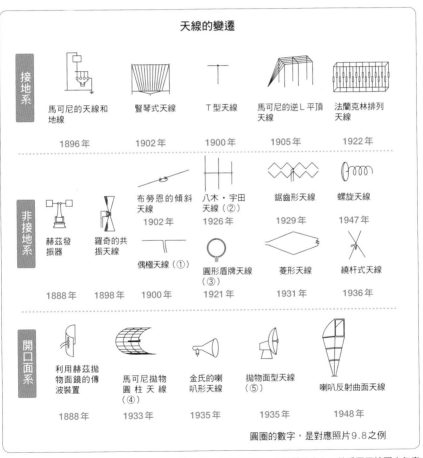

圖9.10　天線的變遷　作為電波出入口的重要天線歷史年表

作為盡可能將電波傳送到遠處的方法，最初出現的是把電通到地下的天線。為此，天線的末端接觸地面，這一端和向空間伸出的天線之間通電，這方式稱為接地系。

　　中段是以赫茲的創意為開始的天線，沒有接地。當初是在室內實驗，之後，了解非接地系的天線也可以和接地系一樣把電波傳送到遠方，現在仍然作為無線通信或播放用天線活躍中。

　　下段的開口面系，是把電波緊縮向特定方向的創意，變成向空間開口的構造。

　　接下來，在中段左端所示的赫茲傳波裝置，在此是寫成赫茲發振器，也稱為赫茲的偶極（次項）天線，可說是天線的元祖。英國物理學家奧利巴‧羅奇（1851～1940年）所想出的共振天線，是把電容器部分作成圓錐形，在中央捲上線圈的構造，如赫茲所發現的僅改變電容器的大小或線圈的匝數，即可調整共振頻率。

　　演進至此是工作成了較複雜的形狀，但接下來的偶極天線，是以1根鐵絲很出色的單純化。這是拿掉位於赫茲偶極兩端的金屬板或金屬球的構造，即使如此，也毫不遜色地傳、收電波。在電的世界，構造的複雜性是年年增加乃為常識，但就有關天線來說，這是不可思議的變遷。偶極天線，是節省浪費的終極構造，該知識不脛而走成了全世界技術者競相開發的產品。中段的八木‧宇田天線，是日本人發明的，為世界有名的天線。雖是僅增加偶極數的簡單構造，但可向特定方向強力放射電波，反之，可以有效接收來自特定方向的微弱電波，因此現在也作為電視或FM無線廣播的天線大顯身手。

　　其次，追溯上段看看。了解赫茲實驗結果的義大利谷列爾莫‧馬可尼（1874～1937），使用這個進行無線通信，創立馬可尼公司考慮商用化，研討出獨自的裝置。位於圖的左上，是馬可尼設計規畫的天線和通信裝置。以高8公尺的天線，成功接收距離約2,400公尺遠的訊

①馬可尼，在橫斷英國、加拿大之間的大西洋成功實驗無線通信（1901年）。1909年，和布勞恩一起獲得諾貝爾物理學獎。

②將電容器的容量變大時，共振的頻率就變低，且波長變長。馬可尼可能已經知道，電波的波長越長，越容易傳導大地的性質。

息，是以使用地線和地球接地為特長。上段，
是依發展的所有接地系天線。

照片9.7，是描繪由四個球體構成的發振裝
置的部分，也載有1897年馬可尼和凱布成功實
驗4.5英里的通信。此外，羅奇發明的粉末驗
波器（圖9.11），也使用在馬可尼公司製的無

照片9.7 馬可尼設計規畫
的天線和誘導線圈

線電信機上。這時期尚未發明如今日收音機的收訊機，因接收電波而
了解使用通電流的驗波器可確實收訊。接地系的天線，也在中段的T
型天線也傑出的單純化。

那麼，下段是開口面系的天線。顧名思義，是向電波行進方向開口
的構造。中間的horn（喇叭）天線，因為像喇叭的形狀而讓人想到擴
大器，horn是以金屬製作，電波就沿此向特定方向放射。赫茲也在他
的偶極天線加上朝向前方圍著的金屬網，但與其說是以聲音，不如說
是依據彎曲的鏡反射光來集中的創意。

天線，僅在此呈示的就有非常多的種類，而最近如手機般內建的類
型也大幅增加，有越來越小型化的傾向。

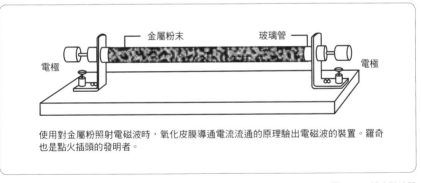

使用對金屬粉照射電磁波時，氧化皮膜導通電流流通的原理驗出電磁波的裝置。羅奇
也是點火插頭的發明者。

圖9.11 粉末驗波器

重要的天線任務

傳導空間的電場和磁場的發生機制，究竟如何呢？圖9.12，是表示從電容器到赫茲傳波裝置（赫茲發振器）的電場分布。

在圖9.12（a）的平行平板電容器上通交流電電流，變位電流就流經空間，其量是以交流電的頻率越高就越大。虛線是表示電場的狀況，不過，依該圖可知電磁波僅發生於極板之間。圖9.12（b），是把板變成四方體，可知在比（a）更寬廣的空間流通變位電流。圖9.12（c），是把形狀變為球體，對空間的表面積增加，更容易發出變位電流。看看虛線的電場狀況，也能得知在空間擴大。

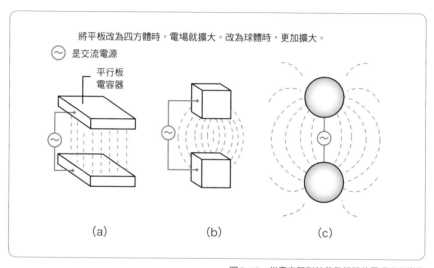

圖9.12　從電容器到赫茲發振器的電場分布變化

圖9.13是把赫茲的偶極電荷分布，在某瞬間捕捉到的狀況，之所以稱為「偶極」，是因正極（pole）和負極的二個（di）極而成。

天線技術的確實進程

回到圖9.10，正中的一段是以赫茲的偶極為元祖。接著也把羅奇的共振天線對照現在的技術時，是以線圈和電容器形成共振電路。共振現象，是如橋以其固有頻率大幅振動而在天線上流通大的電流，因此使用這種共振電路，就可以向空間傳送更強的電磁波。

電場（電力線）在空間擴大

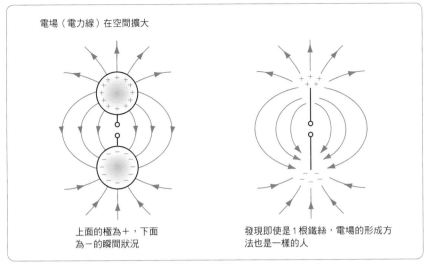

上面的極為＋，下面
為－的瞬間狀況

發現即使是1根鐵絲，電場的形成方
法也是一樣的人

圖9.13　在某瞬間捕捉赫茲偶極的電荷分布狀況

　　想到球體是加在將靜電送到萊頓瓶的裝置上時，兩天線的金屬球或
球體是意圖蓄積電荷的電容器（圖9.12）。可是，位於羅奇共振天線
右上的布勞恩傾斜天線或今日的偶極天線，就是從這些形狀消去變成
單純的金屬棒。因這種大膽的省略化，而和有名的八木・宇田天線的
發明有密切關係，最後終於到1根鐵絲的先人，不得不令人敬佩折服。

　　圖9.10的上段，如所謂接地系般所有都使用地線（接地）。馬可尼
想延伸通信距離，於是把赫茲偶極的球體或板逐漸變大。這也就是把
電容器的容量變大，這主要是他發現如此即可延長通信距離所致。

　　把容量變得更大，終於抵達使用地球來構成天線的一部分，把天線
的一方向地球，另一方向空中高高吊起。

　　圖9.10的下段，是開口面系的天線，但赫茲是以在偶極的後部加金
屬的反射板進行實驗。這是受到馬克士威所提倡的光的電磁波說，而
想到反射鏡吧！其後，變成很容易獲得高周波的電波般，開發使用在
雷達的拋物面型天線等。照片9.8是表示各種的天線。

業餘無線電的天線。上面的V型
是偶極天線的一種（①）

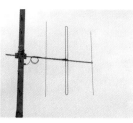

八木・宇田天線（②）

船舶搭載天線（③）

雷達天線（④）

廣播電台天線（⑤）

拋物面型天線（⑤）

照片9.8 各種的天線 （ ）內的○數字是對應圖9.10的天線

日本電波技術的開花

在赫茲實驗的翌年1889年，物理學家長岡半太郎博士（1865～1950年）進行追蹤試驗。電氣試驗所的松代松之助聆聽他的演講後，依所長的命令以刊載馬可尼研究的雜誌製作日本第一座無線裝置，於1897年在東京灣進行1,800公尺的通信實驗。

該裝置被進一步改良，延長通信距離，以三四式無線通信機的稱謂實用化。其次的三六式無線電信機，是在1903年成功370公里的通信，這些技術是在海軍開發也使用在日本海海戰上。

長岡半太郎博士，是在1904年提倡現在眾所周知的帶正電荷的原子核周圍有電子在旋轉的原子模型。這被稱為土星型原子模型，第2章的矽原子圖就是這情形的表現。1911年，歐內斯特・拉塞福透過實驗發現原子核，發表拉塞福的原子模型，不過，這和電子在原子核周圍旋轉的長岡模型相同。

9-5　電波的種類和用途

從赫茲的偶極放射的電波

在赫茲的偶極加高周波的電壓時，電力線可能會如圖9.14般變化。在此是描繪1週期分的狀況，但了解連接正和負電荷的電力線就如吐出香菸的煙般在空間放射。

而且，該電力線的環隨著時間的經過逐漸變大，在空間擴大。

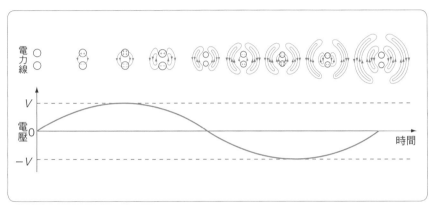

圖9.14　在赫茲的偶極加高周波的電壓時，形成電力線1週期分的狀況。電力線就如吐出香菸一般在空間中放射開來

從線狀的偶極天線放射

雖然看不到電波，但有使用電腦解明馬克士威方程式向空間擴大的電場或磁場的所謂電磁場模擬程式的程式。

照片9.9　垂直放置的線狀偶極天線周圍的電場 使用電磁場模擬程式MicroStripes的解析結果。

照片9.9，是表示垂直放置的線狀偶極天線周圍的電場。電場強大分布的地方，是和圖9.14的赫茲偶極圖很類似。透過電腦把空間作細密區分，解析每一個部分的電場或磁場的大小或方向。照片9.10（電場）和照片9.11（磁場），就是以小圓錐形表示這些情形。

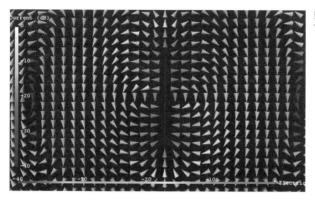

照片9.10　小圓錐形表示的
電場（使用MicroStripes）

照片9.11　小圓錐形表示的
電場（使用MicroStripes）

電波的區分

　　照片9.11的磁場，是在偶極天線的周圍以環狀擴大。這是依據安培右螺絲法則，但仔細觀察，右捲和左捲是依序進行。改變方向時，磁場的大小變成0，但是，這些之間的距離變成波長的一半。照片9.9或照片9.10的電場，和磁場相比較是複雜的模式，但電場的大小變成0，還是波長的一半。

　　偶極天線的長度約是波長的一半時，就發生共振現象，那時流通的電流也是最強。

　　這是意謂頻率低（亦即波長長）的AM無線電廣播，需要長的傳送天線。手機是使用約1GHz的頻率，但半波長的長度是15cm，是容易處理的大小。

　　於是，電波依頻率的不同，最適的用途就有所差異。電波的頻率越

高，直進性越強，反面地，容易受到水滴或水蒸氣的吸收，因此所傳送的距離受到天候的影響。反之，頻率低時直進性變弱，但有容易傳到障礙物先端的性質。圖9.15是表示電波的頻率區分。

電波的性質和用途

依圖9.15的各區分，將電波的性質和用途彙整於表9.1。電波的傳送法，是如圖9.16所示，依電離層的反射而異。電離層是環繞地球的大氣分子或原子，因太陽光線或X光線等的宇宙線分成離子的層。這

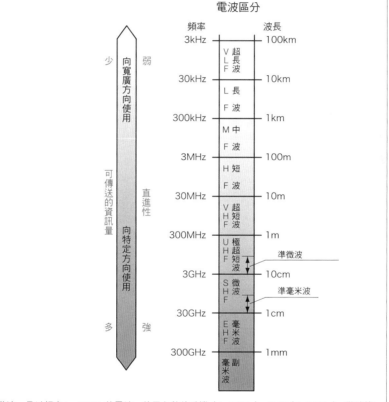

準微波，是以頻率1～3GHz的電波，使用在數位手機（1.5GHz）、PHS（1.9GHz）、微波爐（2.4GHz）、無線LAN（2.4GHz）等。
準毫米波，是以頻率10～30GHz的電波，使用在固定無線通路（FWA）（22GHz、26GHz）。

圖9.15 電波的頻率區分

超長波　VLF（Very Low Frequency）：3〜30kHz
沿著地表傳送，在水中也能達到數十m的前方，因此也使用在無線電航行用的電波「Omega（10.2kHz）」和潛水艦的通信上。可是，波長長就要有巨大的設備，因此作為其他用途的幾乎不使用。
長波　LF（Low Frequency）：30〜300kHz
長波帶的電波可傳送到非常遠的地方，在昔日就使用在無線電信上。現在是作為40kHz或60kHz的標準電波使用，電波時鐘是以接收這種電波修正時鐘。此外，作為船舶或航空飛機的Bacon（標識）電波使用。
中波　MF（Medium Frequency）：300〜3,000kHz
中波帶的電波是以存在於上空約100km的電離層（E層）反射，但無法如短波般傳送到地球的背側，因此主要是使用在AM無線電廣播上。業餘無線電家正設法延長通信距離。此外，也作為船舶或航空飛機的Bacon使用。
短波　HF（High Frequency）：3〜30MHz
短波帶的電波是以存在於上空約200〜400km的電離層（F層）反射，以和地表之間反覆反射而能達到地球的背側。於是，也使用在各國的國際廣播或船舶通信、航空通信、業餘無線電上。

表9.1.1　電波的性質和用途

層具有反射電波的性質，依此在圖的所謂F層的那一層反射短波帶的電波。反射波向地表再被反射，如此情形不斷反覆下，即可進行遠距離的通信。

　　或許會有為甚麼沒有A層、B層、C層的疑問，這是把所發現的層從電（Electricity）的E首先命名為E層，之後在更高的地方發現F層，然後在E層的下方發現D層，乃為真相。

　　在發現電離層的遠距離之前，被認為使用長波的通信較有希望，因此業餘無線電家可使用的頻率帶，是為了不造成妨礙而被追逐到短波帶。但是，依據業餘無線電家孜孜不倦的實驗，確認短波帶能以電離層反射，諷刺的是，業餘無線電家的技術者對電波科學帶來頗大的貢獻。

超短波　VHF（Very High Frequency）：30～300MHz

超短波帶的電波直進性強，且在電離層的反射弱，因此使用在比較近距離的通信上。對山或建築物也能某程度環繞傳送，因此也使用在計乘車無線電或航空管制通信等。

極超短波　UHF（Ultra High Frequency）：300～3000MHz

極超短波的電波可傳送的資訊量多，因此最常使用在小型的天線或傳收訊機等移動體通信上。手機或地面波數位電視轉播、微波爐（2.45GHz）也是極超短波。

微波　SHF（Super High Frequency）：3～30GHz

微波帶的電波可傳送的資訊量多，且直進性強，具有類似光的性質。使用拋物面型天線用在雷達上。1～30GHz的電波突破電離層，不容易被雨或霧吸收，因此使用在衛星轉播或衛星通信上（該周波帶特別稱為「電波之窗」）。只不過，稱微波時，有意指比這更廣範圍的情形。

毫米波　EHF（Extra High Frequency）：30～300GHz

接近光的性質，有強大的直進性，但下雨時就無法傳送到遠方。於是，使用在近距離用的通信或電波望遠鏡、毫米波雷達、汽車防撞雷達等。

表9.1.2　電波的性質和用途

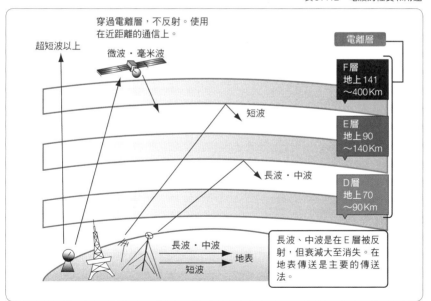

圖9.16　電離層的影響和電波的傳送法

9-6

手機的機制

手機的天線

　　作為電波的利用技術，以最貼近我們的手機機制來作說明。首先是手機的天線，初期的手機是拉出棒狀天線來使用的類型。這幾乎是和使用偶極天線相同的動作。

　　圖9.17，是在初期手機的上部固定低圓筒型蓋子的類型。在此圓筒內，收納如圖般把偶極天線的線捲成彈簧狀的線圈天線（亦稱螺旋天線）。最近，則以看不到天線的內建型小型天線為主流。

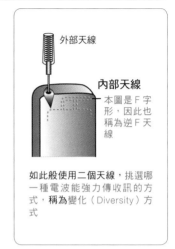

外部天線

內部天線

本圖是 F 字形，因此也稱為逆 F 天線

如此般使用二個天線，挑選哪一種電波能強力傳收訊的方式，稱為變化（Diversity）方式

圖9.17　位於手機上部的線圈天線

邊移動邊通信的機制

　　手機是為了能使電波抵達對方，首先是和中繼用的基地台連接。在鐵柱的上部、大樓的屋頂或電線桿等，設有如照片9.12般的基地台天線，由此使電波能抵達手機範圍的區塊。各個基地台是在相互協調合作使區塊不會中斷的範圍，例如每隔幾公里的地方就設置一個。

　　於是，當利用者移動改變區塊時，會自動連接追蹤使通話不會中斷。

　　PHS（Personal Handyphone System）也是相同的機制，但是，區塊的半徑是100～300m，比手機小。照片9.13是PHS的基地台天線，組合幾支偶極天線即可切換電波的方向（指向性）。

　　PHS也有相當於手機的本地位置記錄器（location register）裝置，PHS的情形是利用一般電話線路網。此外，PHS是和ISDN線路（綜合數位通信網服務）相連接，因此資料通信的速度快速。

照片9.12 手機的基地台天線

照片9.13 PHS的基地台天線

搜尋手機現在位置的機制

在剛開始使用手機時,對於居然能在遠方的出差地接到電話而覺得很不可思議。「為什麼會知道我在這裡呢?」是否叫出全國的所有基地台呢?若是如此,電話線路豈非早就爆開了。

打開手機時,會在一定周期對基地台(悄悄)通信顯示手機現在在何處,然後記錄在移動通信交換機內的本地位置記錄器上。

從一般的電話打到手機時,是透過中繼交換機進行通話,本地位置記錄器則是整合幾個區塊記錄手機的現在位置,因此打到手機時會從這地區內的所有基地台發出呼叫的電波。於是,可在移動的地方順利接到電話(圖9.18)。

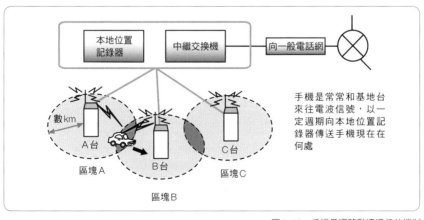

圖9.18 手機是邊移動邊通信的機制

手機能在世界各地使用嗎？

筆者的美國朋友攜帶從蘋果公司剛上市販售iPhone來日，得知在日本無法使用時，感到失望萬分。iPhone是採用GSM（Global System for Mobile Communications）的通信方式，在日本和韓國以外的世界各國都非常普及，事實上儼然是數位手機的世界標準。

在日本，曾經把PDC（Personal Digital Cellular）作為世界標準的規格期望普及化，但最後，變成只有日本使用的規格。這是第2世代手機的通信方式，接著逐漸推移到依ITU（國際電氣通信聯合）規定的第3世代手機IMT-2000（International Mobile Telecommunications-2000）規格的方式。這在歐美也是以3G（第3世代）作為行動網路普及，不過，世界各國的通信業者步調不一，使世界無法成為一個規格之下，建議同時採用數種類的方式。

手機的世界在極為短暫的歲月中不斷有急速性的技術革新，迫使使用者必須不斷轉移新方式。

下世代手機（2010年開始），是定位在通信速度或服務內容高度化的第3世代手機的最先端。日本的手機各公司是採用所謂LTE（可進行如光纖般的高速通信）的通信規格，終於進展到統一，而更前面的技術已由ITU檢討，倘若實現，手機將邁入第4世代。

前往海外時，以當地手機公司的網路來使用自己手機的情形，稱為漫遊（roaming）。英文的roam，有到處走來走去的意思，利用所謂國際漫遊的服務，就不需購買在當地才能使用的手機。可是，日本以外的國家幾乎都使用GSM方式，因此從日本帶去的手機僅限於可對應GSM的機種。

筆者曾在訪問地的超高層公寓（50層樓）使用手機，但出現圈外的標示而感到不解。和基地台之間並無障礙物，通信應該沒有問題，後來才知道原因在於可通信的基地台過多導致接續不穩定。為了解決該問題，市面上有販售具有指向性的天線。

9-7　電波和光是夥伴

馬克士威的彩色照片

　　預言電磁波的馬克士威，提倡光的電磁波說。關於光的他的研究，有世界最早的彩色照片。照片9.14，是他在1861年成功拍攝稱為蘇格蘭絲帶的照片，就在那一年在皇室研究所發表。其機制，是通過光的3原色濾鏡拍攝3張照片，重疊後就變成彩色照片，原理是和現在的方法相同。

調查光速度的馬克士威

　　地震波是以地殼為媒質傳播，馬克士威認為電場或磁場也是位於空間的「某種媒質」才是自然的。於是，他以擅長的圖解將這種「某種」如圖9.19所示，認為位於空間的球體媒質，是稱為發光的乙醚（於1771年初版發行的百科辭典中執筆英國大百科全書的乙醚之項）。

　　依圖9.19，假設周圍的電力被往下推，計算該球體的彈性。由於這是光在如洋菜般的乙醚中振動傳達的假設，因此是依據牛頓物理學的說明。

　　計算該振動的傳達速度時，則是秒速193,088英里（310,678,592 m）。在此之前約10年的1849年，飛索以光的干涉性

照片9.14　馬克士威成功拍攝世界最早的彩色照片蘇格蘭絲帶。1861年（倫敦科學博物館）

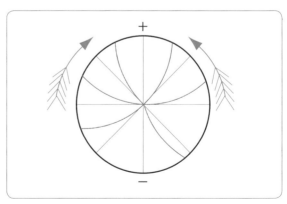

圖9.19　馬克士威在寄給法拉第的信函上所描繪的圖。以把位於空間的球體媒質的彈性定為發光的乙醚的假設作說明。由於未留下記錄，因此各部的詳細不明，不過，或許箭頭是表示彈性球體所受的力

和旋轉齒輪進行實驗，並發表光的速度是秒速193,118英里。獲得與此的一致，馬克士威或許就確信他的乙醚假設。而且，由此預言光是電磁波的一種。

傳達電線的電速度也是光速

照片9.15，是使用電磁場模擬程式解析在位於空間長平行線路後面的邊緣加電壓通電流時，在周圍形成的電場和磁場的結果。照片9.15（a），是在畫面中央的線路垂直剖面上某瞬間的電場分布，因為是細密分開空間計算的結果，因此電場的方向各別以小圓錐來描繪。把這些連接起來就變成電力線，電力線是從上側的電線以放射狀放出，向下側的電線以相同放射狀進入。此外，照片9.15（b），是同一時間的磁場分布，一樣連接表示磁場方向的小圓錐時，即可了解磁力線是在上側的電線和下側的電線上捲繞分布。例如，下側的電線是磁力線向右轉，依安培的右螺旋定則了解這瞬間，電流從面前向後面流通。

第3章曾述及電流在電線上流通時，電子的速度是比人還慢，但是，打開開關的瞬間就點亮電燈，這就像是「涼粉（洋菜）」般電子依序推著相鄰的電子的說明。但實際上，這種「推」的資訊是在瞬間以光速傳達。

在2條電線上加交流電電壓就通電流，搬運電力（電壓×電流）。另一方面，照片9.15是表示電場和磁場的分布，因此將搬運電壓和電流的電能（電力）以所謂電場和磁場的不同看法作說明。亦即，替代電壓，以電壓形成的電場來思考，或以電流形成的磁場來思考。

那麼，電磁波就是電場和磁場的波，在2條電線上加電壓時，空間就發生電位，形成電場。此外，在電線上通電流時，周圍就形成磁場。在此之下，就變成電磁波沿著所謂電線指南以光速行進。而且，此際由電場和磁場搬運的能量流通（稱為Pointing電力）會移動。

美國物理學家邁克生和莫雷，在1887年進行歷史性的實驗。他們的推論是「如果光在乙醚中傳達，其速度應該會受到因地球轉動對乙醚流動的影響。」因此，指向地球轉動方向的光，因乙醚的流動將使速度降低一點。

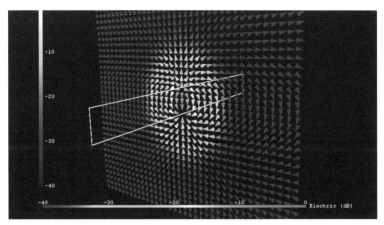

（a）畫面中央的線路上垂直剖面上某瞬間的電場分布。電力線是從上面的線以放射狀放出，下面的線以放射狀進入

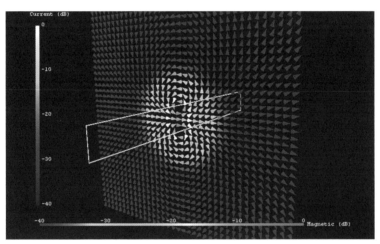

（b）同一時間的磁場分布。磁力線，在上面的線和下面的線的周圍形成環狀

照片9.15　以電磁場模擬程式解析在平行線路周圍形成電場和磁場的結果

 現在是使用精密實驗的結果，界定真空中的光速度是秒速299,792,458m。地球的公轉速度是秒速30km，因此和乙醚流動相反傳達的光速是秒速29萬9763km，沿著流動傳達的光速應該是秒速29萬9823km，但是，他們的測定結果卻未發現光變慢。由於這情形，否定了乙醚的存在。

這些都可以套在照片9.15的電線上，因此請注意可以從二種方法說明傳電時完全相同的現象。

電磁波的頻率區分

圖9.20，是電磁波的頻率區分。電波的定義是「3 THz 以下的電磁波」（電波法　第二條一「所謂電波，是指三百萬兆赫以下頻率的電磁波」），因此在此之上的頻率有紅外線、可視光線、紫外線、X 線、γ線等。人能感受到的光是可視光線，可知是在電磁波內有限的頻率。

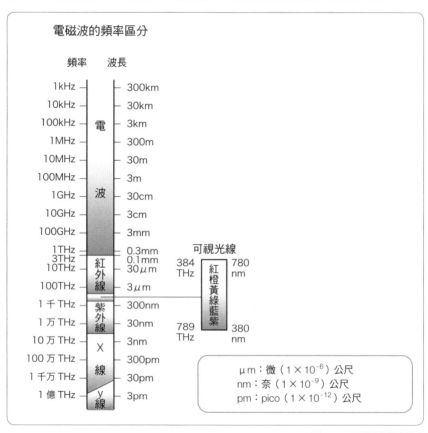

圖9.20　電磁波的頻率區分

蠟燭或火柴的火是電磁波嗎？

在馬克士威的恩師法拉第的著書上，有一本很有名的「蠟燭的科

學」。馬克士威認為蠟燭的光是電磁波，那麼，蠟燭或火柴是發出電磁波的發訊機嗎？

物體是原子的聚集，原子是由原子核（正電荷）和電子（負電荷）所形成。物體被加熱時，這些的原子就激烈振動，電子也振動。於是，電子的振動便發生電磁波，這就是古典性的說明。

物體的溫度變高時，電子就激烈振動，其頻率就變高，波長變短。達到某一定溫度以上時，便發生電磁波，剛好變成可視光的波長而可以看得到。

生物發出的光

筆者在中學的森林學校，首次目擊螢火蟲發出神秘的光而感動不已。如海螢或螢魷般，在海裡也有能發光的生物。

發光生物學家下村脩博士（2008年榮獲諾貝爾化學獎），在1960年代發現從水母發出綠色螢光蛋白質，而命名為「Ecuolin」。當時，認為所謂螢光素是因發光物質和酵素的反應使螢火蟲等發光，但是，蛋白質的溶液偶然和海水混合的瞬間，和海水中的鈣離子反應下發現藍光。可是，一樣是生物的光蕈發光理由，卻是不明。

人，是以自己作出的微弱電氣把資訊傳到腦，活動肌肉的命令也是因電的信號（刺激）。如此般思考，螢火蟲或人，甚至蠟燭，都是宇宙形成時就存在所謂電荷的東西，很「自然地」充分加以活用，實在令人感佩。

電波開啟的未來

在宇宙，確認能發出電波，所謂脈衝星（超新星爆炸後留下的中子星）的星有數百個。過去可能有很多人在地球上打雷時，會感到在離開的遠方有眼睛看不到的力量。

電波原本就存在於自然界，無法特定是誰最早發現，就和靜電或磁氣一樣。可是，如今日的手機般，人能操作電波則是最近的事。僅僅100年的歷史，因此，會出現多少的新發現是不足為奇的。如此思考，不得不令人興奮。

9-8 微波和兆赫波的利用

微波的利用

第8章曾說明微波爐是使用微波的加熱烹調器，但是，2.45 GHz是微波定義的3～30 GHz的範圍外。所謂micro，就是以波長短的意思來使用，因此並無明確的定義，也有使用在更廣範圍的情形。

在日本，利用微波的電話線路通信是在1940年實用化的技術，1954年在東京－大阪間開通電視轉播線路和電話線路。其後，納入使用拋物面型天線的新技術，也使用在市外通話或彩色電視的轉播上（照片9.16）。可是，為了因應地面數位電視播放等使用微波的電視轉播線路，就轉移到使用光纖的數位線路（2006年）。

2.4 GHz帶，是ISM頻率（ISM：Industry Science Medical）之一，是使用在產業、科學、醫療等領域的電波頻率，在Bluetooth（藍牙）、數位無線電話或無線LAN也以ISM帶實用化。

在日本，接受技術基準適合證明（簡稱：技適）的產品作為小電力無線，即使沒有無線電台的許可亦可使用。

2.4 GHz帶的無線LAN，有受到Bluetooth、ZigBee（短距離無線

照片9.16　依微波的電話線路轉播天線

通信）或使用在其他用途的電波干擾的情形，最近為了避免這情形，也使用5GHz帶的無線LAN。

此外，在無線USB使用的UWB（Ultra Wide Band），是超廣域無線的意思，使用3～10GHz的頻率。這是把時間間隔極短的信號從天線直接放射，因此，如同赫茲的火花放電般向廣頻率發出電波。於是，設想不帶給其他系統妨礙而使用的電力是弱的，且是10m左右的通信。

下一世代高速無線，是WiMAX（Worldwide Interoperability for Microwave Access，無線通信規格）或下一世代PHS，設想WiMAX是數km～數十km的中、長距離無線通信。頻率是使用2.5GHz帶或3.5GHz帶等，比2.4GHz的無線LAN通信距離（數十m）更好。

除此之外，微波的利用也急劇擴大，其理由是可實現高速大容量的通信，也能充分獲得遠的通信距離。

兆赫波的利用

兆赫波的頻率範圍，亦如微波般無明確的定義。毫米波是30～300GHz，而兆赫波是超過其範圍的300GHz～3THz，但也有1～100THz頻率的情形。依日本電波法的定義，電波是3THz以下的電磁波，因此兆赫波是從電波到光的領域，用途也和電波不同。

發振兆赫波的格子或利用分子振動的技術，是依西澤潤一博士的半導體雷射方法，在1957年被提案為肇端，作為日本特有的技術領域，現在仍持續進行研究、開發。

雖然沒有像X光線那樣，但了解兆赫波可透過的物質有很多。於是，拍攝以X光線無法拍到的映像資料，應用在安全非破壞檢查的裝置正在開發中。

Bluetooth是使用2.4GHz帶的頻率帶，以搭載Bluetooth的機器間可進行10～100m左右的無線通信，使用在聲音的通信上。此外，ZigBee的通信距離是30m，在一個網路上最大可接續255台機器。通信速度比Bluetooth低速，因此，應用在家電的遙控或測定溫度等多台感應的網路等。

COLUMN

宇宙太陽發電系統的構想

　　美國國防部的研究小組在2007年10月提議，把附上巨大太陽電池的衛星發射到太空，以微波向地球送電的系統（圖9.A）。依此提議，構想在2050年之前將這種宇宙太陽發電系統商業化，和其他國家合作之下，在10年以內應該可以發射電輸出力1萬千瓦級的小型實證衛星。

　　可是，一提到「微波」，馬上就會想到「微波爐」，懷疑是否會把人都燒焦了，而出現極力反對的人。微波爐所使用的頻率是2.45GHz，很有效率地振動水的分子。以此頻率對含有約60％水分的人體會有影響，但使用其他波長帶能量密度在一定數值以下時，就不會有問題。為此，能否分散收訊或在禁止進入的廣大土地上建造收訊設備等，朝向實用化的研究正在進行中。

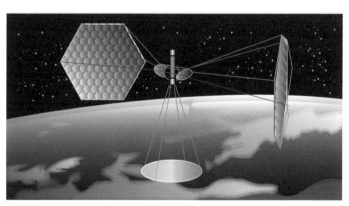

圖9.A　美國國防部的研究小組設想的，宇宙太陽發電系統構想圖（美國國防部提供，共同）

第10章

電所支援
的通訊

10-1　收音機的機制

日本最早的無線電廣播

第9章曾學習電波在空間的傳達。此外，也了解電波是電場和磁場搬運能量的電磁波。可是，在身邊的周圍是看不到也摸不到電波。有否電能真正在空間傳達的證據呢？

收音機，是從廣播電台的發訊天線向空間放射的電能傳達空間，確實被收訊天線捕捉到。只要有電波傳達的空間，任何地方都可以收訊，這成了電波在空間傳達的一個證據。此外，距離廣播電台越遠就越不容易收訊，終於收不到能量，而能實際感受到電波向全空間寬廣擴散的情形。

日本的收音機廣播，是在1925年由社團法人東京廣播電台（呼號：JOAK）的臨時廣播站發出第一聲。在照片10.1的開台紀念海報後方的小畫，是當時使用的「探索式礦石收訊機」。當時的收訊機（收音機）性能低，而且電波的輸出力弱，因此，聽說如果不是在東京都內就很難聽得清楚（照片10.2）。

照片10.1　東京廣播電台 JOAK的開台紀念海報

照片10.2　收音機廣播開台當時的收音機收訊機（江戶東京博物館）

何謂不用電池的收音機

收音機或電視，是接收電波播出聲音或映像的裝置，無論哪一種都需要電源。圖10.1，是把在日本大正時代使用的收音機礦石改用鍺二極管重現的鍺收音機（半導體收音機），各個零件雖非當時的，但其機

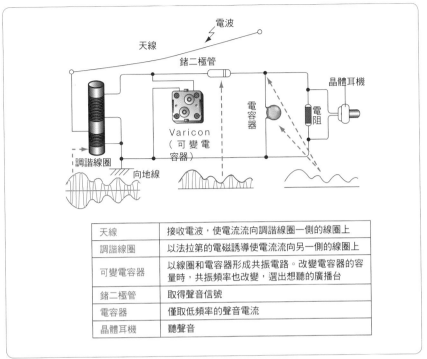

天線	接收電波,使電流流向調諧線圈一側的線圈上
調諧線圈	以法拉第的電磁誘導使電流流向另一側的線圈上
可變電容器	以線圈和電容器形成共振電路。改變電容器的容量時,共振頻率也改變,選出想聽的廣播台
鍺二極管	取得聲音信號
電容器	僅取低頻率的聲音電流
晶體耳機	聽聲音

圖10.1　鍺收音機的構成

制卻十分類似。

可是,這種收音機不用電池等的電源。一般的電氣製品必須有電源,為什麼沒有電池就可以動作呢?實在令人不可思議。

在此解開此謎看看。首先,由天線接收電波,電波是搬運能量的電力,因此電流就流通在天線先端的調諧線圈上。在此,調諧線圈接收幾處廣播電台發出的幾個電波之後,從當中選出想聽的廣播的電波,依法拉第電磁誘導把電流通到另一個線圈上。該電流也流到Varicon(Variable Condenser,可變電容器),但是,電流流入由線圈和電容器構成的電路上時,便形成赫茲或羅奇所想出的共振電路(圖10.2)。

Varicon,是重疊幾片金屬的平板,在其縫間貯存電荷的構造,旋轉板即可改變貯存在電容器的電荷容量,因此也稱為可變電容器。組合這種電容器和線圈時,能在短時間交替保持電容器的電能和線圈周圍

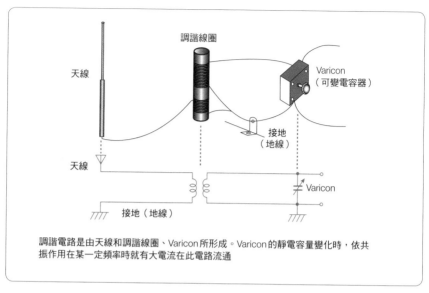

調諧電路是由天線和調諧線圈、Varicon 所形成。Varicon 的靜電容量變化時，依共振作用在某一定頻率時就有大電流在此電路流通

圖 10.2　調諧電路是利用共振現象

的磁能，這種現象稱為共振或共鳴。

　　由於是依電能和磁能交替的時間決定共振的頻率，因此以可變電容器改變電能貯存容量時，配合其改變共振的頻率也改變。

　　各個收音機播放的電波頻率都不一樣，因此以可變電容器改變電容器的容量，即可挑選想聽的廣播電台的頻率。這稱為調諧電路，不過，至此之前是高周波電流。

　　在此前方有鍺二極管，高周波的電流通過此處即可取出聲音信號。這種作用稱為檢波或復調。此檢波電路，是從交流電（高周波電流）僅向正側（或負側）的一側變成取出電流的整流電路。

　　其次，還有另一個電容器。電容器是容易使高周波通過，使低周波不易通過，因此若有多餘的高周波流通時，便穿過此電容器從地線往外流。於是，此電容器僅取出低周波的聲音電流，透過位於前方的晶體耳機可以聽到。

　　如此般，鍺收音機是即使不使用電池，也能僅憑電波的能量來聽廣播。這情形就是確實接收了從空間傳來的廣播電波能量，其電能使晶體耳機發生鳴聲。

此外，調諧電路也稱為調頻器（tuner）。英語的 tune 是指把調子相合的意思，小提琴等的調弦等也使用 tune 的用詞。收音機，是從在空中飛來飛去的各種電波中，取出想接收的頻率電波，因此稱為調諧。

需要電源的高性能收音機

市面販售的一般收音機都需要電源。從以天線捕捉到的電波取出聲音，再透過耳機等直接聽的情形，是即使不使用電源也沒有問題，但是，增幅到由擴大器發出大聲音時，就必須有增幅電路。為此，必須有電源。圖 10.3 是稱為超外差式接收機（Super Hetero Dyne）方式的收音機構成，多數的收音機都採用這方式。所謂 Hetero，有相異的意思，但加上在檢波接收高周波的不同頻率信號而作如此般的命名。

由調諧電路挑選的高周波電流，直接增幅高周波後，向頻率混合器和局部發振器的信號一起加入，變換成所謂中間頻率的一定頻率（在此是 455 kHz），在中間周波增幅器再次增幅。如此增幅的信號加在檢

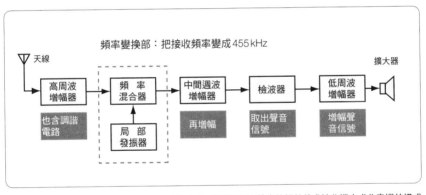

圖10.3　從電源取出聲音的超外差式接收機方式收音機的構成

 美國加州大學柏克萊校區阿雷克思‧賽德耳的小組，在 2007 年開發使用直徑 10 奈米（10億分之1公尺）奈碳素材（碳奈管）的世界最小收音機。以 1 個分子實現天線、調頻器、擴聲器、復調器，改變管子的粗細，就對不同頻率共振。碳奈管，是在 1991 年由物理學家飯島澄男發現的新素材，期待對半導體或燃料電池的應用。

波器取出聲音信號，然後作低周波增幅，終於從擴大器發出聲音。

AM（Amplitude Modulation）翻譯為調幅，使用在中波的收音機廣播上。這是以聲音信號改變高周波電流振幅的方式，這種高周波電流稱為搬送波。為了把廣播信號傳達到遠距離，必須使用高周波的電波，使這種搬送波成為重要的角色。此外，所謂調幅就是把聲音信號等組入搬送波的情形（圖10.4）。

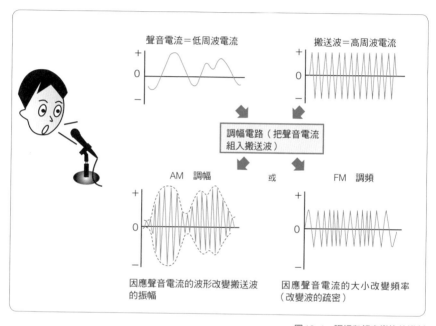

圖10.4　調幅和頻率變換的機制

電波的振幅，是因來自各種機器的雜音而有變化，因此，除了聲音以外的雜音也容易進入。於是，把聲音的信號改為搬送波的頻率變化方式，就是FM（Frequency Modulation）調頻（圖10.5）。

適合播放雜音少的音樂，在日本使用的（FM廣播的）頻率是76～90MHz的超短波帶，因此，若有建築物等障礙物時，會有電波不易抵達的缺點。

此外，FM廣播比AM廣播使用高的頻率，因此從低頻率到高頻率的寬廣聲音信號組入搬送波，可獲得充沛的臨場感。

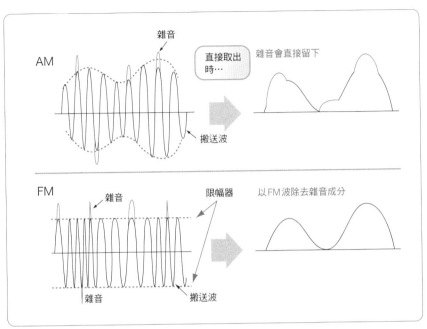

圖10.5　FM廣播的音質比AM廣播更優的理由

收音機的電波會觸電嗎？

　　日本在建設明石海峽大橋當中，曾發生作業員被附近廣播電台電波觸電的罕見事件。使用起重機吊起吊橋的鐵骨，因鐵塔變高使起重機的金屬線也必須變長，致使作業員受到劈啪的觸電。

　　偶極天線，是長度為波長一半時的收訊力最強。金屬線確實變成接收天線，接收來自附近廣播電台的強力電波，導致這位作業員觸電。

10-2 類比式電視的機制

電視的電波

映在電視攝影機上的畫像，是分解成約15萬個畫素變換成映像信號。這種畫素變換成映像信號的順序，是從畫像的左上角向右進行，抵達右端時就降一段，再向左右進行。在1秒間反覆30次如此動作，以人眼的殘像作用使映像看起來是連續的動畫。如此般的映像信號依序傳送，變成電視電波。

電視台所傳送的電視電波，映像和聲音的頻率有些差異。從天線接收的電波取出信號作增幅，是和收音機的機制大致相同，但是，電視有為了正確顯現畫像的同步信號。這些是連續性的類比信號，因此也被稱為類比式電視播放。

電視的機制

圖10.6，是表示顯像管電視的構造。最近，取代顯像管電視，液晶或電漿方式的電視馬達普及化，不過，顯像管對了解電視的機制較為

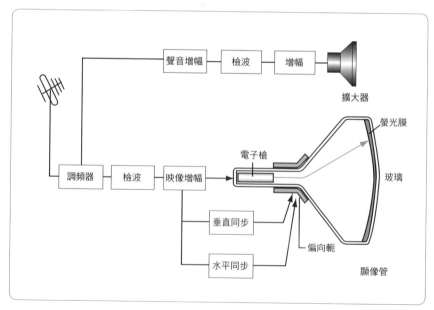

圖10.6　將電視電波映在顯像管電視上的流程

適合，因此，在此以顯像管電視為例作說明。

顯像管也稱為CRT（Cathode Ray Tube），被增幅的映像信號送到電子槍，把電子束照射在塗在顯像管背面的螢光面上。從表面看時，只是某1點在發光而已，不過，以偏向軛從左上向右下迅速移動電子束時，便顯現一個畫面。

顯現動畫的機制

電子束，在抵達右端時就下降1段，從左向右移動，在右下端完成1畫面分，然後從左上又反覆。這種電子束的移動稱為掃描（scan），掃描線的條數，通常的電視播放是525條，Hi-vision（高畫質）則有1,125條。

這是以每秒30畫面顯現時，就如同電子連環畫般，形成活動的畫像（動畫）（圖10.7）。

掃描線的條數，日本或美國是525條，法國是819條，英國是405條，條數是依國家而有不同，不過，這二種已走向廢止的方向，逐漸整合成525條方式和625條方式。

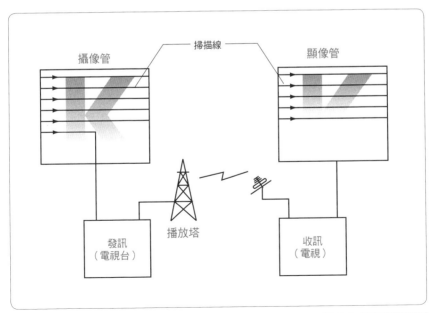

圖10.7 顯現動畫的機制

電視的天線

　　在電視收訊上使用的天線,是排列幾支如照片10.3半長波的偶極天線。這是八木秀次(1886~1976年)、宇田新太郎(1896~1976年)兩位博士發明,世界聞名的八木、宇田天線。他們在日本大正末期的1928年發表發明的論文,翌年在仙台成功20km通信的UHF帶八木、宇田天線,展示於東北大學電氣通信研究所(照片10.4)。因為是發表英文的論文,因此此在海外比日本更有名。

　　照片10.5,是電視轉播剛開始時期設置在街頭的天線。

照片10.3　使用在電視收訊上的八木、宇田天線

照片10.4　1929年,在仙台成功20km通信的UHF帶八木、宇田天線(展示於東北大學電氣通信研究所)

照片10.5　開台當時的街頭電視風景(江戶東京博物館)

10-3　地面波數位電視播放和 One Seg 電視播放

地面波數位電視播放的方式

　　地面波數位電視播放，在日本是從2003年開始播放。在國外，英國的公共電視台BBC是在1998年9月開始播放，在世界各國開始播放，但播放方式大致有美國、歐洲、日本的3種類。

　　地面波數位電視播放，在日本是以MPEG 2壓縮進行Hi-vision（高畫質）播放。雖是高精細、高畫質，不過和傳統類比式電視畫面的縱、橫比不同（圖10.8）。

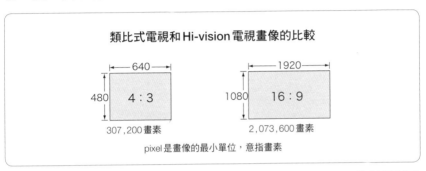

類比式電視和Hi-vision電視畫像的比較

4 : 3　640　480　307,200畫素

16 : 9　1920　1080　2,073,600畫素

pixel是畫像的最小單位，意指畫素

圖10.8　類比式電視畫面和Hi-vision電視畫面的比較

　　因為是數位式播放，音質不會劣化，亦可進行依立體音響的2國語言播放或5.1ch多頻道的播放。

　　地面波數位電視播放是和電視節目的同時，也能以資料播放同時觀看天氣預報或新聞等多種資訊。資料播放的內容可追加地區的各電視台，因此可提供配合收訊地區的資訊。

　　利用遙控器藍、紅、綠、黃的4色

照片10.6　地面波數位電視的遙控器案例

　　5.1ch是讀成「5.1頻道」。傳統的立體音響，是以左右的擴大器發出聲響，屬於2ch（頻道），而5.1ch是把擴大器配置在前方正面、前方左右、後方左右的5ch，再把帶域幅度狹小的低域專用擴大器算0.1頻道分，才有如此的稱謂。

按鈕（顧及色覺異常者的顏色），也進行回答謎題或問卷調查的雙向服務（照片10.6）。為了利用雙向服務，視聽者的資料是透過網路或電話線路傳到電視台，因此電視本身必須有這些連接裝置。

One Seg 電視播放

One Seg 電視播放，主要是向手機等攜帶機器播放的地面波數位電視。地面波數位電視的資料，把一個頻道分割成13段，Hi-vision是使用12段，把1段使用在One Seg播放上。One Seg的頻率帶域狹小，因此可傳送的資料少，僅能傳送320×240或320×180畫素的低解像度映像，不過，可以想到對攜帶型終端機展開有特長的服務（照片10.7）。

指向移動體的地面數位電視播放，在日本以外的國家也開始有了，大致分為日本方式（One Seg）、歐洲方式（DVB-H：Digital Video Broadcasting Handheld）、韓國方式（地面DMB：Digital Multimedia Broadcasting）的3種方式。

照片10.7 手機的One Seg 收訊 One Seg 對應手機之例

 新東京塔株式會社，配合2011年電視地面波完全數位化，建設新的播放塔（原本是作為因都心地區超高層大廈的增加所發生的電波障礙對策的計畫）。這是距離地面約610m的塔，傳送首都圈的地面數位播放波。

DVB-H，是指為了能攜帶收訊機的技術規格之意，是歐盟正式承認的方式。此外，DMB是在2005年韓國所採用的小型攜帶機器用的數位播放規格，這些當中採用1段收訊方式的只有日本。

數位播放的收訊用天線

地面數位電視播放，是以UHF帶播放。頻率是473（13頻道）～767MHz（62頻道），收訊天線一般是使用UHF用的八木、宇田天線。這是類比式電視的UHF用天線也大致不會有問題，可以收訊。

在電波較強的地區收訊時，比八木、宇田天線小型的UHF天線，是由各廠商發售（照片10.8）。

照片10.8　地面數位電視專用天線

時刻播放的問題

剛接收地面數位電視的信號時，察覺在位於附近的類比式電視上播出相同節目有些許的時間差。地面數位電視在發訊時，有進行MPEG 2壓縮。如前項所觸及的，動畫並非所有部分都在活動，因此取前面畫像和現在畫像的差分資料時，就變成只有活動的部分。

整體畫像是把壓縮的資訊在1秒間僅能播幾片分，之後是僅播放這些差分的信號、活動預測和差距修正信號，因此就是在壓縮時間。於是，地面數位電視播放在發訊時對這些問題的處理需要時間，以致發生延遲的情形。

此外，MPEG收訊時，映像機側需進行壓縮資料的伸長，為此也需要處理時間。在此之下，類比式電視的播放是每正點的秒針顯示就沒有播放。

10-4　電纜電視（CATV）

可傳送多頻道的同軸電纜

電視的信號，是直到電視台的發訊天線都以同軸電纜傳送。此外，把電視天線所接收的電視信號連接在電視映像機上，也需要同軸電纜。對此，並非由收訊者個別建立天線來連接電纜，而是採取由有線電視台（CATV）配信的方式。

從有線電視台的 1 條同軸電纜上可傳送多數不同頻率的信號，因此比依電波的播放能使用更多的頻道。此外，電波會受天候的影響，也會接受到雜音而擾亂映像或聲音的情形，但是，同軸電纜則有不容易受到這些影響的特長。

為了利用有線電視的裝置

圖 10.9，是表示連接 CATV 中心和家庭的有線電視系統。在歐美，是進行地下配電和電纜的地下化，視線所及的街道景象十分整齊，但是，日本的 CATV 電纜設置，幾乎是借用電力公司或電話公司的電線

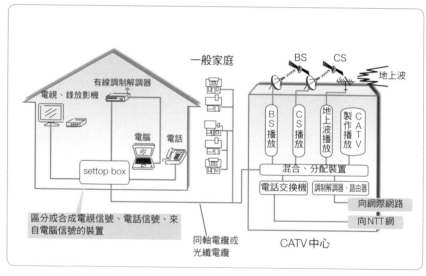

圖 10.9　有線電視的機制

光纖電纜

CATV／光電纜

電話電纜

CATV電纜

照片10.9　複雜的電線桿電纜設備

桿，導致已經很混亂的電線桿更加沉重而下垂（照片10.9）。

住家附近的CATV中心如圖10.9般接收BS、CS或地面波的播放，再追加獨自的節目等傳送到同軸電纜。該電纜在途中分枝引入各用戶，不過，公寓等的集合住宅是以分配用機器接收，再由此引入各用戶。

此外，最近播放的頻道持續增加，因此，利用光電纜的多頻道服務也正擴大中。

亦可連接網際網路

若有有線調制解調器裝置，也能以相同的同軸電纜連接電腦的網際網路（後述）。市面上並未販售有線調制解調器，因此需要向CATV公司借用，或購買。線路的利用速度雖依各家庭的使用狀況而有異，不過可獲得數十Mbps（兆位元每秒），因此以網頁瀏覽器看動畫也不太會有壓力感。

此外，CATV是利用CATV公司的網路和電話線路連接，可作為CATV電話使用。在電視節目中有利用雙向通信的節目，不僅如此，也有新開發從遠方監視自宅的家庭安全、遠程醫療支援等各式各樣的服務。

10-5 LAN和WAN的機制

何謂乙太網路（Ethernet）呢？

　　企業等多數人一起使用電腦時，將各個電腦連結互相來往資料就非常便利。使用電線連結多數電腦的情形，稱為LAN（區域網路local Area Network）。

　　在這電線上，當初是使用同軸電纜，但現在是以如照片10.10般使用雙絞線纜繩（Twist pair cable）的接續方式很普及。

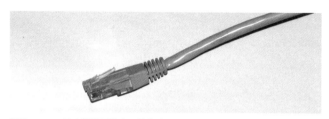

照片10.10　乙太網路電纜之一的雙絞線纜繩（10/100 Base-T電纜）

　　使用這些電纜傳送電氣信號的規格，稱為乙太網路（Ethernet），所謂ether認為是存在於空間的乙醚。

　　乙太網路並無世界性的規定，因此具有依此國際規格的LAN裝置的電腦，如圖10.10般連接乙太網路電纜時，即可簡單構成LAN。

　　將乙太網路的主要規格表示於表10.1。規格的名稱中，一開始的數字是表示通信速度。接下來的base，是表示所謂baseband的變調方式，最後的英文字是表示通信線路（媒體）的種類（5和2：同軸電纜、T和TX：雙絞線、SX和LX：光電纜）。

LAN的機制

　　使用郵寄來往信函時，必須寫上對方的地址、姓名，以及寄件者的地址、姓名。以LAN連接電腦來往資料時，也和郵寄方式相同，必須要有資料收件者的地址。

　　在LAN是稱為IP地址，各個電腦被分配獨自的地址。現在如圖10.11般，從A先生的電腦向以LAN連接的C小姐的電腦傳送電子郵件時，就把想傳送的IP地址和資料作成bucket（小包），變換成電氣

圖10.10　使用乙太網路電纜的LAN構成例

規格名稱	通信線路（媒體）	通信速度
10base2	同軸電纜	10Mbps
10base5	同軸電纜	10Mbps
10base-T	雙絞線	10Mbps
100base-TX	雙絞線	100Mbps
1000base-T	雙絞線	1Gbps(1000Mbps)
1000base-SX	光電纜	1Gbps(1000Mbps)
1000base-LX	光電纜	1Gbps(1000Mbps)

Mbps（兆位元每秒）　Gbps（千兆位元每秒）

同軸電纜：使用金屬網捲起來，使電磁波不會漏出的電線。也使用在電視和天線的接續上。
雙絞線　：Twist pair cable。以2條成對撚在一起的電線。
光電纜　：在光纖上作保護披覆的電纜。

表10.1　乙太網路的主要規格

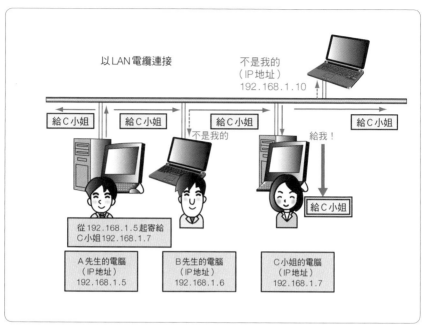

圖10.11　從A先生的電腦向以LAN連接的C小姐的電腦傳送電子郵件

信號。

　　該小包是依乙太網路電纜搬運，亦可送抵相鄰的電腦，B先生的電腦因地址不是自己的，因此不被理會。相同的，如果連接到其他的電腦，同樣不會加以理會。

WAN的機制

　　圖10.12所示的路由器（router），是連接多個電腦網路的裝置。調查小包傳送的對方地址時，因該裝置知道地址在哪一側，因此能把小包傳送出去。

　　從電腦傳送的小包電氣信號，如圖10.11所示，了解可傳送到乙太網路電纜的左右。向連結在此LAN上的所有電腦同時傳送小包時，電氣信號會混亂而損壞資料。在此必須遵守在傳送小包前檢查有否電氣信號，倘若已經使用就稍微等待一下，等電纜空出來了再傳送的規則（CBMA/CD方式）。無線LAN，是使用CBMA/CA方式。

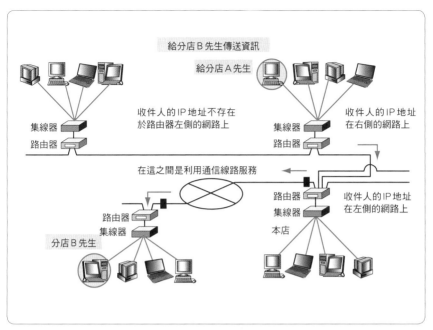

圖10.12　使用路由器的廣大 LAN 和 WAN

　　這裡有不同的路由器把抵達的小包作相同的分配，因此，路由器是把陸續寄來的小包作交通整理的裝置。

　　圖10.12的不同路由器，對4條道路進行交通整理，但是，即使有幾條通道，也要依小包確認地址帳號作分配。因此，該地址資訊一旦有錯，就無法在正確的通路上傳送。

　　變成大規模的 LAN 時，路由器的數目就增加，使其管理變得非常困難，不過，企業是如圖10.12般在分店和

照片10.11　Switching Hub 的一例

　　　連接雙絞線電纜的裝置稱為集線器（Hub）。集線器不僅中繼電氣信號，也具備記憶其先端的電腦地址。分配必要小包的功能，稱為 Switching Hub（照片10.11）。

總店之間使用通信線路服務連結遠處，更廣範圍構成網路的情形。

　　如此般利用通信線路服務，將電腦連結在 LAN 的範圍外，是稱為 WAN（廣域網路，Wide Area Network）。雖然也有使用專用線服務的情形，但如次項所說的利用網際網路連結企業間。可是，此時因途中的路由器非自己公司的所有物，最糟糕的案例是，電子郵件有被第三者讀取的危險性。因此，必須將此類資料密碼化，萬一被讀取也無法解讀內容的考量。

遵守規則交換資訊

　　在 LAN 或 WAN 連接電腦可即時交換資訊，是互相遵守通信上的規則方可獲得。所有的電腦，都事先設置好以相同規則運作的通信程式。而且，依此規則的程序進行資訊交換，有關該通信的約定事項稱為協議（protocol）。在乙太網路 LAN 或 WAN 上，是使用所謂 TCP/IP 的協議。

電腦一旦增加會發生甚麼呢？

　　由於 LAN 非常便利，因此在公司或學校等能連結 LAN 電纜的電腦台數逐漸增加。筆者以前在公司剛開始使用 LAN 時，以 10 左右的電腦還不會有問題，但是，自從增加到 100 台時，想讀取連接在 LAN 上的其他電腦資料時，即使敲打 Enter 鍵，也無法立即顯示應答。

　　原因，在於在 1 條 LAN 電纜上連接的台數增加時，其他人使用的機率變高，致使自己的電腦等待時間跟著增加。

　　可是，最近普及使用雙絞線的 LAN，就不太會發生這樣的問題了。

10-6　網際網路的機制

連接全世界的電腦網路

所謂 Inter Net 的「Inter」，是指 international（國家間）所使用的國與國「相互的」意味。因此，所謂 Inter Net 是指相互連接網路的意味。具體言之，將電腦和電腦互相連接，即可邊各別通信邊交換資訊。

基本性的技術，是使用前項說明的 TCP/IP 的協議或路由器，以及在 LAN 所發展的技術。路由器是實現 WAN 的裝置，不過，使用這種裝置將 LAN 連接在全世界的規模上，擴大網路的情形就是網際網路。

網際網路，是以 1969 年美國國防部開始的 ARPANET 技術為基本。日本是在 1980 年代開始所謂 JUNET 連接大學間的實驗網路為開始，開始依 TCP/IP 的 WIDE 專案。

如何利用網際網路

企業或個人要利用網際網路時，就連接網路服務提供商（provider），由此連接上網際網路為一般的作法。網路服務提供商（ISP：Inter Net Servic Provider）是以徵收使用費進行連接管理的通信服務，對各個電腦分配必要的 IP 地址。

可是，瀏覽網頁或來往電子郵件時，很少每次都使用到 IP 地址。加以替代的是使用以英數字等表示的如綽號般的地址。這是以域名（domain）為基礎，例如筆者的網址 kogure@kcejp.com 的 com 就是所謂域名，一般是表示國名（例如日本是 jp）。網際網路是在美國開發，com 是僅限於公司等營利目的的組織使用，但現在不再有沒有用途的限制。

所謂網際網路連接用的 PLC（高速電力線通信）方式，是利用屋內的電氣配線進行資料通信。僅連接電源插座，即可輕鬆連接網際網路，通信速度是最大 200 Mbps。PLC 是使用和業餘無線電、航空無線電、海上無線電、短波播放等相同的頻率，因此為了不讓這些無線電設備帶來妨礙，依電波法令課予限制電磁波洩漏的嚴格規制值。

此外，kcejp是被稱為副域名，作為筆者小暮技術師事務所委託ISP在NIC（Network Information Center）登錄。於是，連接網際網路的路由器必須具備從域名搜尋IP地址，如同電話簿般的功能。世界中的域名資訊時時刻刻都在變動，因此使用專用的電腦（name cerver）和在網際網路上的其他name cerver交換最新的資訊。

以網際網路可做的事

最常使用的，可能是如圖10.13所示的網頁的瀏覽。這是稱為WWW，和網際網路連接位於Web server電腦上的資訊公開。

此外，還利用在電子郵件、網際網路電話（IP電話）、網路拍賣、網路遊戲、音樂配信、網路銀行、線上買賣等服務。

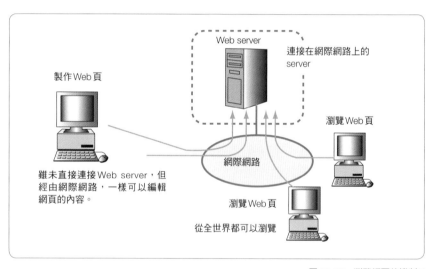

圖10.13　瀏覽網頁的機制B

所謂IP電話，是利用使用網際網路的協議，傳送數位化聲音的服務。在IP小包放上聲音或電話號碼等，和連接的對方交換資訊來通話，也能從網際網路連接一般的電話或國際電話。IP電話，是使用所謂VoIP（Voice over Internet Protocol）的技術，把聲音壓縮變成IP小包後即時傳送的技術。

10-7　無線 LAN 的機制

無線的 LAN

常聽到所謂無線的用詞，英語是 wireless，亦即沒有線的所謂無線的意味。利用乙太網路電纜的 LAN，可發展出更高速的通信，但是，電腦的台數一旦增加，電纜的數目也會增加，以致辦公室內充滿電線。

乾脆以不使用電源電纜，變成完全沒有線的辦公室，一定會變得非常整潔。於是，登場的是通信速度不及有線，但替代電纜把各個電腦使用電波進行無線通信構成 LAN 的，就是 wirelessLAN，或無線LAN。

無線的世界

也有使用紅外線的無線 LAN 規格。使用電波的情行，是在 2.4 GHz 帶可獲得最大 11 Mbps 或 54 Mbps，在 5 GHz 帶亦可獲得最大 54 Mbps 的通信速度。

連接使用紅外線的網路，有分為屋外用和屋內用的 2 種類。在屋內利用的情形，電腦對電腦，或電腦和週邊機器相連接是在天花板設置中繼器，以多台的電腦可構成無線 LAN。通信速度是數十～數百 Mbps，非常高速，在大廈的屋頂等使用的情形，也以 100 Mbps 以上即可與屋外的遠距離連接。

此外，位於繁華街或車站等熱點（hot spot），是設置無線 LAN 或 Bluetooth 等的無線網路接收器（access point）提供網路連接的服務。

網路服務提供商有對利用客採付費提供的情形，或在飲食店等免費提供的情形。對不特定多數使用者的服務，是以沒有 WEP 等密碼化的情形居多。

　　市售的無線 LAN 裝置上，會附有所謂 WiFi 的標誌。這是所謂 Wi-Fi Alliance 業界團體認定的機器，認定無線 LAN 機器的相互連接。此外，無線 LAN 的電波可抵達廣範圍，因此恐怕有通信內容被盜聽之虞。WEP 是使用無線通信的密碼化技術將小包密碼化，即使被接收也無法解讀，確保和有線通信一樣的安全性。

注意電波的干擾

　　電波的情形，也是以在天花板等設置所謂無線網路接收器（照片 10.12）的中繼用機器來使用，但利用的電腦台數增加時，作為 CSMA/CA 方式（無線 LAN 的通信程序）的宿命，在資料的轉送速度上將會變慢。此外，在狹小範圍增加無線網路接收器，使用頻道重複時，因電波的干擾有使通信變困難的情形。

　　光（電磁波）會被金屬反射，而電波一樣會被金屬反射。在辦公室會有以金屬的櫃子等作為牆壁的情形，或在天花板鋪設網狀金屬，變成大型金屬箱的情形。在當中發出電波時，電波被金屬壁反射幾次，使房間內有電波強的位置和弱的位置。

　　這些電波的強弱滯留在當場的稱為定在波，不過，依電腦的設置位置，也會有通信變成不穩定的情形。最糟糕的情形是無法通信，因此，為了減弱反射波，想出在牆壁上張貼電波吸收墊（照片 10.13）等的對策。

　　在辦公室有寬大的窗戶，而電波會穿過玻璃。在玻璃窗上不能張貼一般的電波吸收墊，不過，現在已開發提高透明度，所謂無線 LAN 用頻率選擇膜（FSS）的特殊墊。

照片 10.12　無線網路接收器之例

照片 10.13　吸收 2.4GHz 帶電波的薄膜電波吸收體之例（尼達株式會社）

　　LAN 裝置等的通信速度，一般是發表理論性的最高速度。使用時會有讓人感到不符合期待的情形，實際的通信速度會受到使用環境的極大影響。使用無線 LAN，在其周圍靠近發生其頻率雜音的機器時，因傳送、接收信號都會受到妨礙，而有通信速度極端變慢的情形。

10-8 # 各種的無線系統

何謂WPAN

WPAN（Wireless Personal Area Network），也稱為「無線PAN」。
比LAN更近距離的網路稱為PAN，一般是設想數cm至數m的通信距離。

連接的機器不只是電腦，還有以PDA、手機、晶體音響等攜帶音樂隨身聽或隨身碟等為對象。這是配線電纜的無線化，因此提到網路似乎會感到有些誇大，不過是具有和各個機器互相合作的功能。

實用化的規格

Bluetooth（藍芽）、Zigbee或UWB（Ultra Wide Band）是IEEE（美國的電氣電子學會）規定的WPAN通信規格。信號的電氣性規定是由IEEE負責，通信程序等細節的規定，是由製造者等團體來策定。以各具特長的用途來使用。

Bluetooth是手機間或手機和Bluetooth對應機器之間交換資料，也有使用在把耳機（head set）作成無線免持聽筒（hands free）的通信上（照片10.14）。

照片10.14 把對應Bluetooth的手機變成免持聽筒的耳機

PDA（Personal Digital Assistant），是為了攜帶行程或通訊錄、備忘錄等資訊的小型機器，也稱為攜帶資訊終端機。此外，電晶體收音機是把音樂或動畫的資料記憶在Flash Memory（新半導體記憶裝置之一）的播放機器。

Zigbee的通信速度只有數百kbps很慢，通信距離也短，但具有消耗電力少的特長。除了家電的網路等用途之外，也使用在以電池即可運作數年的無線感應器的通信上。

UWB，是設想10m左右的近距離通信。由於可進行高速通信，因此想到映像資料等的轉送，亦可將電腦的USB介面無線化，作為無線USB的技術使用。

無線IC標籤的機制

內建於非接觸IC卡或錢包手機內的無線式卡，是從1970年代開始開發的無線標籤技術發展成為商品化。標籤（tag）是貨籤的意味，替代有條碼的貨籤，於1980年代開發附有IC的標籤。

其後，IC晶片小型化，以13.56MHz、900 MHz帶、2.45GHz的3種類為中心，各種業務用都使用無線IC標籤。

13.56 MHz，是如照片10.15般的卡片尺寸種類很普及。不過，因使用SONY所開發的FeliCa技術，內部纏繞著如照片10.16般的線圈。線圈通電流時，在其周圍會發生如圖10.14般的磁場。

照片10.15　Suica和PASMO的外觀

①開發讓Hi-vision以毫米波作高速無線通信的技術。所設想的通信距離是10m左右的近距離，不過，可進行相當於光纖線路60倍的最大6Gbps的高速通信。
②日本經濟產業省公開招募，在2006年以前以販售價5日圓的無線IC標籤為目標的「響專案」，日立製作所開發選定的IC晶片和天線成為一體的inlet（無線IC標籤的零件之一）。

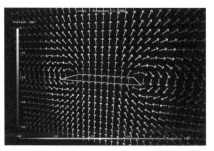

照片10.16　內部的線圈和IC

圖10.14　發生於線圈周圍的磁場狀況(13.56MHz)。依電磁場模擬程式 MicroStripes 解析的結果

　　為了讀寫標籤的資訊，必須把發生在讀寫器（Reader-writer）的磁場通到標籤的線圈內（圖10.15）。這是標籤沒有內建電池，而以法拉第的電磁誘導發生起電力來驅動標籤的IC。這稱為電磁誘導式，利用

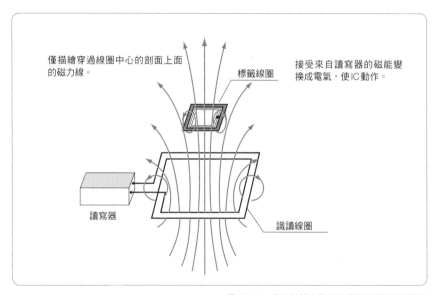

僅描繪穿過線圈中心的剖面上面的磁力線。

標籤線圈

接受來自讀寫器的磁能變換成電氣，使IC動作。

讀寫器

識讀線圈

圖10.15　發生於讀寫器的磁場通到標籤的線圈內

　　治療蛀牙時，把登錄姓名或出生年月日等個人資訊的超小型IC標籤也一起植入，讀取資訊以識別個人的認證系統是由東北大學進行的研究，設想防止弄錯患者的醫療事故等用途。美國，也正著手進行將膠囊型的小型IC標籤植入拇指和食指之間的實驗，但是，植入人體內可能會有強大的抵抗感。

135 kHz的標籤是從13.56 MHz之前就使用。
二者的通信距離都短，之所以稱為非接觸的原
因就在此。

　900 MHz也稱為UHF帶的無線IC標籤（照
片10.17），但歐洲（868 MHz帶）、美國
（915 MHz帶）、日本（953 MHz帶），頻率帶
略有差異。若要共通使用時，IC必須變成可
對應這些頻率的電路才行，天線也要設計成一
個天線可使用3頻率的廣帶域。

照片10.17　組裝在馬拉松運動鞋上的無線IC標籤（→記號）

　通信距離有數公尺比較長，貼在瓦楞紙箱
上管理大量貨物的流通業，正著手檢討其使用法。此外，在組裝工廠
裡，貼在各個零件上對零件的管理或生產管理有極大裨益。

　2.45 GHz的通信距離也長，想出即使天線小一樣具有各種的用途。
雖是卡片大小但能充分登錄資料，很適合用在員工證上，一邊使用波
長一半長的補丁天線（patch antenna）。此外，補丁天線也用在讀寫
器的天線上，在UHF帶的讀寫器也使用（圖10.16）。

　電磁誘導式是UHF帶或2.45 GHz都能使用，日立製作所正在開發
的 μ 晶片是以2.45 GHz用在400 μm四方晶片的上部，實裝微細線圈
的類型。

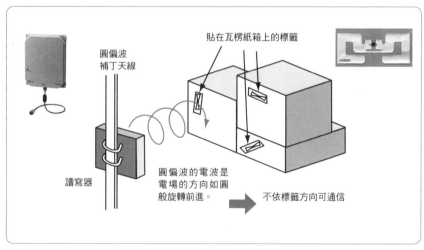

圖10.16　補丁天線之例

第 11 章

支援電子學的
電子零件

11-1 電阻、線圈、電容器

何謂電路

電視或冰箱、微波爐等家電機器的內部,都裝有配線眾多的小零件板子。這是稱為電路基板或只說基板,仔細看看,有幾個相似的零件,這些零件連接(焊錫)在切開的 1 調配線部分上。

為什麼需要這麼多的零件呢?點亮小燈泡,只要乾電池和配線就足夠,不過這也是很了不起的電路。愛迪生發生的電燈,是利用在電阻體通電流產生高溫時發光的現象,因此,小燈泡的電路是只有一個電阻。

想要用電做甚麼呢?依機能(想做的事)之數,電路可以單純,也可以變得複雜,一般而言,機能越多,電路所需的零件數或種類就越多。

電路是由多數的電阻、線圈、電容器所組成

電路,是由零件和與其連接的配線所組成。點亮小燈泡的電路,無論由誰來做都是一樣的,例如像電視,機能增加時,零件就跟著增加,電路也變複雜。此外,如電視的機能會因製造廠商而異般,所使用的零件也會因設計者而有差異。電路圖是電氣機器的設計圖,就和建築物一樣,在製作之前要先畫圖,進行充分檢討。

圖 11.1,是在第 4 章介紹的小電力發報機(照片 4.4)的電路圖。說明該電路的動作是有困難,在此僅品味電路圖的「氣氛」。電路圖的細線是表示配線,使用電線製作亦可,也可以使用在基板上用的薄銅箔線來做。

從中央的電池(電源)伸出配線,這些配線對各個零件扮演通電線路的角色。為數眾多的零件是電阻、線圈、電容器,這些是以支持電

Condenser 是日本的說法,英文則是 capacitor,二者不相通。

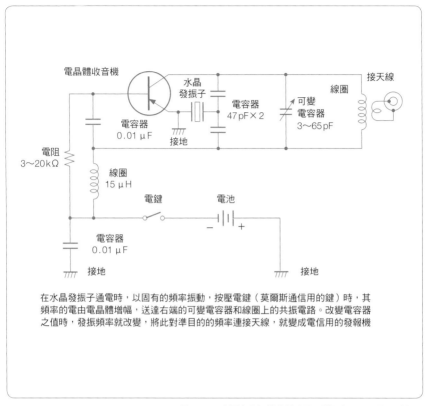

在水晶發振子通電時，以固有的頻率振動，按壓電鍵（莫爾斯通信用的鍵）時，其頻率的電由電晶體增幅，送達右端的可變電容器和線圈上的共振電路。改變電容器之值時，發振頻率就改變，將此對準目的的頻率連接天線，就變成電信用的發報機

圖11.1　小電力發報機的電路圖　僅記主要零件的名稱與值

路的重要零件而多用，容後再調查各個零件所扮演的角色。

　　不過，從圖11.1的電池正極伸出的配線突然接地，或許有人會覺得很奇妙。接地全部分成3處描繪，但在實際的電路裡這些是連接在1點。對此，不妨也把電路圖連接起來畫。的確，把圖11.1連接起來畫似乎沒問題。可是，零件一旦增加，電路圖也會變得複雜，每次把接地束起來，多餘的線就增加，看電路圖就更費力了。

　　電路圖的接地意味，並非實際接到地面（地線），一般是把金屬板視為地面的人工地面（Ground Plane，平面）來接地。請看圖11.2（和第3章的圖3.14相同）。將此情形畫成電路圖則能如圖11.3般描繪，圖11.1的接地是所有都連接起來。

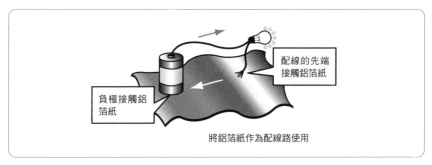

配線的先端接觸鋁箔紙

負極接觸鋁箔紙

將鋁箔紙作為配線路使用

圖11.2　以鋁箔紙連接乾電池和小燈泡（和第3章的圖3.14相同）

電池

以電阻表現小燈泡

接地　　　　　　　　　　　接地

圖11.3　將圖11.2以電路圖描繪時……

　　本書，是從把靜電流向大地（接地）的話題開始。讓不需要的電流掉就安全，但電路的接地有所謂「製作通電流的圈環」的重要作用。在圖11.3不接地的情形，是電線受到阻斷使電流沒有流通，而無法點亮小燈泡。於是，連接二處的接地點，電流才流通，使電路發生動作。

電路中的電阻任務

電阻，有使用在手機等電路上的小晶片電阻、附有導線的固體（solid）電阻、旋轉變值的可變電阻（日文是volume，英文是potentio meter或variable resistor）等（照片11.1）。

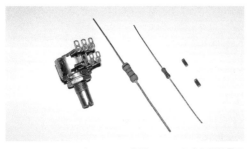

照片11.1　各式各樣的電阻

電阻，如在第6章或第7

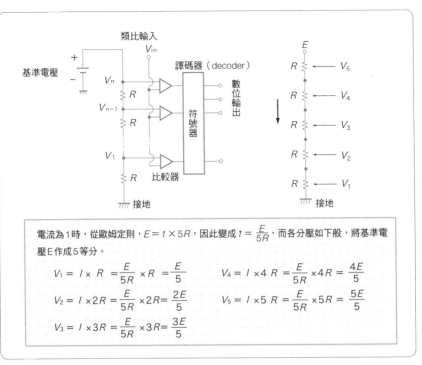

電流為1時，從歐姆定則，$E = 1 \times 5R$，因此變成$I = \dfrac{E}{5R}$，而各分壓如下般，將基準電壓E作成5等分。

$$V_1 = I \times R = \dfrac{E}{5R} \times R = \dfrac{E}{5} \qquad V_4 = I \times 4R = \dfrac{E}{5R} \times 4R = \dfrac{4E}{5}$$

$$V_2 = I \times 2R = \dfrac{E}{5R} \times 2R = \dfrac{2E}{5} \qquad V_5 = I \times 5R = \dfrac{E}{5R} \times 5R = \dfrac{5E}{5}$$

$$V_3 = I \times 3R = \dfrac{E}{5R} \times 3R = \dfrac{3E}{5}$$

圖11.4　A/D變換器的機制

章所學的，具有限制電子移動的任務。電阻值大，電子就不容易前進之下，發生焦耳熱而應用在家電上，使用在一般電路上的小電阻，也會使用在調整電壓上。這是非常重要的任務，電晶體或IC等的零件，發生動作時的電壓各有不同，因此，作為「調整電壓角色」的電阻常被使用。

例如圖11.4左側的電路，是在第10章學過的將類比變換成數位的電路，被稱為A/D變換器（Analog to Digital converter）。或許會覺得有些困難，不過，對於希望詳細學習電腦的人一定有所裨益。也能作為複習第6章的歐姆定則使用，請挑戰看看。如下是將位於上部的類比電壓輸入作成數位輸出的機制。

①串聯同值的電阻R，將基準電壓分壓成 Vn、Vn-1 ⋯⋯

②比較其分壓和輸入類比電壓，判斷在何處區分

③使用符號器變換成數位值

圖11.4的右側，是為了說明電阻的任務抽出重要部分的電路。表示5等分之例時，串聯5個同值的電阻R，在最上面的端子加上基準電壓E，最下面的接地。

　數位輸出的一個端子對應資料的1位元。圖11.4是5等分，因此，變成能以5位元表示的電路。

　通常的A/D變換器有8位元、12位元、16位元。例如以12位元的A/D變換器變換成－10～＋10V時，將20V等分為$2^{12}＝4096$，因此分解能是20/4096≒5mV，可區別小小的5mV的差異。

　如此般的電阻，是在所設計電路的各種場所能獲得所要的電壓時來使用。

電路中的線圈任務

　在線圈上通電流就發生磁場。有關電磁石或電磁誘導，已經詳細學習，這些都是利用產生於線圈周圍的強大磁力線的性質。以不同的表現來說，就是在線圈的周圍聚集磁能。在次項說明的電容器是聚集電能，因此連接線圈和電容器通交流電時，就會具有線圈和電容器的赫茲或如羅奇的天線般引起雙方能量的共振。

　赫茲的發振器（發振電路）就是利用這種機制，而在第10章所學的選擇收音機頻率的同步電路，也是利用線圈和電容器。

　線圈，是頻率越高的交流電越不容易使電流流通，因此，作為不讓不需要的高周波傳到其它電路上的高周波阻流圈（照片11.2），也使用在手機或電腦的電路上。線圈鬆鬆捲起時，在捲線間會貯存不要的電荷，會有一部分如電容器般發生作用的情形。於是，設計在高周波用的阻流圈，是以密密捲成小型化，即可發揮線圈本來所具有的性能。

　作為裝置的一部分使用的，有利用法拉第電磁誘導的變壓器或利用佛萊明左手定則的安培計等。

照片11.2　密密捲成小型的高周波阻流圈

電容器的機制

電容器的構造，是在2片金屬板之間夾著絕緣體（亦稱誘電體）。該金屬板被絕緣，應該不會通電，不過可貯存電。

在電容器加直流電的電壓時，位於電極板的電子會移動，因此如圖11.5的左側所示，電流流到電極板帶正電和帶負電上。

之前在電壓（電位）的說明，是以水庫的水位來思考。圖11.5電容器的電極板之間，有1.5 V的電位差。於是，將此以如圖左上般的電位傾斜表示時，這部分是填入絕緣體的空間，電流是不會流通的，因此在此不能像之前那樣描繪水流。

電位差，以和水位不同的表現也能思考如此的傾斜高低差。從斜面的下面向上搬運東西時，必須工作。同樣地，思考將正電荷從坡的下面（負極）向上（正極）抬高時必要的工作。此時，正電荷必須以和電場（電力線）方向的力相反持續搬運，因此，可知電位差是把電容器的電極間的空間隨著向正極前進而變大。

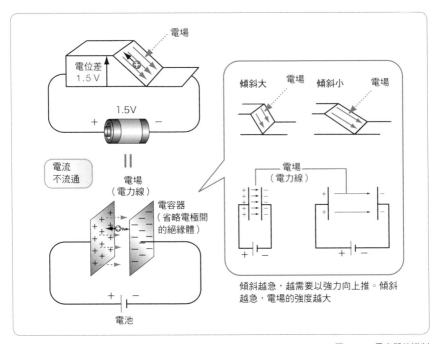

圖11.5 電容器的機制

圖11.5的右，是表示將相同大小的電極板間的距離變大時，和變小時的差異，不過，將正電荷沿著傾斜向上推時，越急的傾斜越需要強力。於是，了解若是相同尺寸的電極板時，電極板的距離越小，電場的強度就越大。

　　再稍微詳細說明，在絕緣體內部，電極板帶正電側貯存負電荷，帶負電側貯存正電荷。絕緣體的原子，是電子在電場中被推之下，使全體電子的中心比原子的中心移位。依此原子在表面上，一方是偏向負電荷，另一方是偏向正電荷，這稱為分極。

　　如此般在電容器帶電時，發生於電極板的電荷和在絕緣體內部的電荷互相拉引貯存電，稱為充電。

　　那麼，在電容器通交流電時，將會變成如何呢？以傾斜來思考，從連接電池的瞬間起，斜面的傾斜角就慢慢變大，充電後就變成如圖般的角度。可是，當電流的方向變成相反時，就把充電的電荷放電，這次是在相反狀態重複相同的事情，因此斜面就變成反向。

　　如此般，隨著時間的經過使電流方向改變的交流電，是反覆充電和放電，看起來像是在電容器通電流。

　　貯存在電容器的電量稱為靜電容量，電極的面積越大，且電極的間隔越小，靜電容量就越大。

　　此外，誘電體是集中電場，因此即使是寫「誘電」，但誘電率越大，靜電容量也越大。

電路中的電容器任務

　　照片11.3所示的電容器，圓筒狀的是電解電容器，之外的是陶瓷型或聚酯薄膜型的電容器。此外，手機等的小基板，也使用如照片11.4般的晶片電容器。

　　電路有急速的電壓變化時，電源和大地間的電壓就變動，發生輸出

　　誘電體的特性，是以所謂誘電率之值表示。和真空誘電率的比率稱為比誘電率，空氣是1.0、紙是2.0～2.6、水在20℃是約80。在電容器通交流電時，誘電率之值會因頻率而變化。

的電壓在短時間反覆變動的高周波。電容器,是因通這種高周波,而在電源和大地間使用所謂旁路(bypass)電容器的電容器。

電解電容器有正、負的極性,加相反的電壓就會損壞。將交流電變成直流電的電源(整流)電路,是為了去除電壓波形的多餘振動(脈流)使波形變得平滑所使用的,這稱為平滑電容器。

可變電容器,通稱是variable,和線圈組合使用在同步(共振)電路上。

照片11.3 電容器 圓筒狀的電容器是電解電容器,之外的是陶瓷型或聚酯薄膜型的電容器。

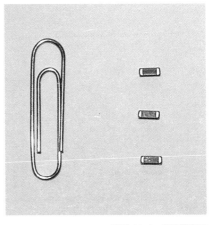

照片11.4 晶片電容器

電子工作的魅力

筆者在中學時代(1955～1965年代),十分熱中電子工作。當時,雖已過了購買一件件零件組合真空管收音機的「收音機少年」的全盛期,但僅僅接收信號仍滿足不了欲望,於是以通過業餘無線電家的國家考試為目標努力獨學。在筆者的時代,已有電晶體或小規模的IC上市,因此以能夠學到真空管和電晶體的兩方知識而感到非常幸福。

電子工作的魅力,在於使用電阻、線圈、電容器等3種類的零件,即可隨意操縱電。一開始無法如意按設計發生動作,反而被電操縱的日子一日復一日,但最後,必定有一口氣完成的瞬間。僅自己一人就可以快樂的這種體驗,以誇大的言詞來說,似乎改變了筆者的人生。

在電子工作上,焊接器材是必要的,但現在市面上有各種的配套元

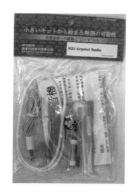

照片11.5(左)、照片11.6(右) 秋葉原之秋月電子通商的半導體收音機、配套元件

件，使工作變得輕鬆容易。一開始就打算製作正式的立體聲放大器等
負荷似乎太重了，建議從少數零件即可獲得大感動的「鍺收音機（半
導體收音機，照片11.5、11.6）」開始。不用電池就可以聽無線電廣
播，因此對在空間傳送的電能感到不可思議而入迷。

　　即使不使用焊接器材，也有在電腦就能體驗（假想性）電子工作的
"假想性電子區（照片11.7）"軟體。此外，在1980年代也開發為
了支援設計微波或高周波電路所使用的"電路模擬計算軟體"（照片
11.8）。

　　如果沒有在最先端遊戲機等使用所謂LSI、CAD（Computer Aided
Design：電腦支援設計）的電腦支援設計手法，就完全無法開發出
來。

　　此外，活用電腦支援產品設計或製造等，或為此的軟體稱為CAE
（Computer Aided Engineering：電腦支援工學），把這些彙整合稱為
EDA（Electronic Design Automation：依電腦設計的自動化）工具。

　　今天如果沒有電腦就無法製造電子機器，因此，引頸期待對邊享受
電子工作之樂邊追逐機器人之夢的「電腦少年」或「機器人少年」今
後的活躍。

照片11.7 電子區是在 1976年發售的科學玩具 將電阻或電容器、電晶體等零件組入透明的區內，僅排列各個零件即可製作各種的電路。照片是2002年發售的復刻版。假想性電子區，是日本和歌山大學系統工學部的森脇裕之助教授開發的電路模擬計算程式，將以往的電子區重現在電腦內

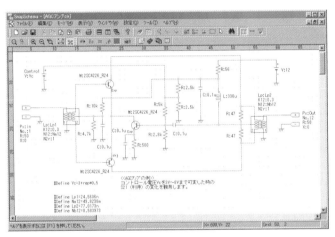

照片11.8 將電路作模擬計算的電路模擬程式之例 MEL S・NAP-Pro的電路編輯（編輯軟體）事例。描繪電阻或電容器、電晶體等

11-2 真空管

從愛迪生的燈泡到真空管

1904年，以佛萊明右手定則或左手定則聞名的約翰‧佛萊明（1849～1945年），是發明二極真空管的人。在此之前的1879年，愛迪生發明碳燈絲的燈泡，此時，偶然發現從被加熱的燈絲跳出電荷。這是所謂的熱電子放出現象，也稱為愛迪生效果，不過，擔任愛迪生電燈公司技術顧問的佛萊明，對愛迪生效果極感興趣，接受從愛迪生轉讓的實驗球，然後進行如圖11.6般在燈泡上再加一個電極的實驗。

佛萊明發現從電極通過驗流計，如圖11.6（a）般連接電池的負極時就不會通電流，但如圖11.6（b）般連接正極時就通電流，這被稱為佛萊明的二極管或二極真空管。

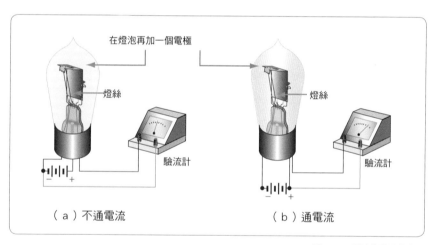

（a）不通電流　　　　　　（b）通電流

圖11.6　愛迪生效果的實驗

二極真空管

圖11.7（a）是二極管的構造圖。和愛迪生的實驗球一樣，以燈絲為基準在金屬板側加正電壓時，所放出的電子（稱為熱電子）就向金屬板跳出，電流就從燈絲向金屬板流動。此外，在金屬板加負電壓時，電子對負電荷反彈而不會到達金屬板側，因此，可獲得僅從金屬

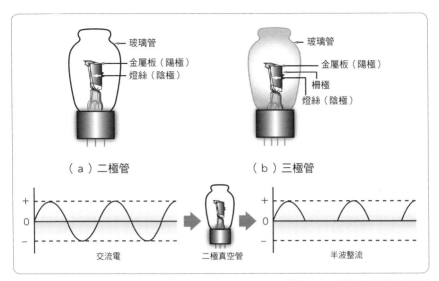

圖11.7　二極管和三極管的構造圖

板向燈絲的電流通過的整流效果（作用）。

　　為此，在二極管通交流電的電流時，就變成如圖11.7般僅留下波的上半分的波形，該波形稱為半波整流波。在此所謂的整流，就是把交流電作成直流電，但是，看半波整流波時並非是一定值。這種魚板形的波，稱為脈流。

　　二極真空管是被稱為二極體，不過，現在把具有相同機能的半導體元件稱為半導體二極體，僅說二極體時，就是指半導體二極體。

三極真空管

　　圖11.7（b）是三極管的構造圖。1906年，美國的杜・佛雷進行在二極管的燈絲和金屬板之間配置第3電極柵極的三極管實驗。

　　和二極管相同，對金屬板加正電壓時，從陰極放出的熱電子到達金屬板，不過，多數的電子會通過柵極。於是，在柵極加電壓的變化（輸入信號）時，在金屬板流動的大電流就變成和輸入信號相同的波形，取出這種電流（輸出信號），就可以增幅信號。在具有增幅機能的半導體元件上，有電晶體。

　　此外，為了變高金屬板電壓提高增幅率，也有增加柵極數的四極管

照片11.9 使用五極管的真空管擴大器。

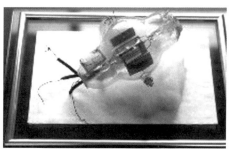

照片11.10 安藤博發明的多極真空管試作品 引用財團法人安藤研究所的Web頁。

或五極管。這些都會使用在自作的擴大器上,至今仍有根深柢固的人氣(照片11.9)。

日本的安藤博(1902~1975年),對真空管的玻璃加工進行苦心的實驗,終於在1919年完成多極真空管(照片11.10)。比起過去的三極管,動作安定,增幅率也能提高100~1,000倍,對之後的微波通信或電視轉播、雷達等的實用化有極大貢獻。

照片11.11是表示一般常使用的真空管的形狀。

照片11.11 各種真空管的形狀

11-3 半導體和二極體

半導體的性質

導體可讓電流流通，至於其電阻在第6章已學習。無法使電流流通的物質稱為絕緣體，但其中有加熱即可使電流流通的物質，這些稱為半導體（照片11.12）。

半導體有如圖11.8所示的種類。真性半導體，是在低溫時沒有自由電子，

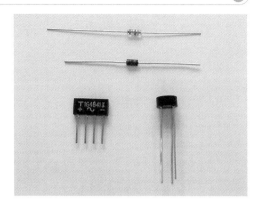

照片11.12　半導體二極體

電流不會流通，但是，一旦提高溫度，電子就激烈運動變成自由電子使電流流通。不含不純物的純粹矽，就具有如此般的性質，但是，若因溫度使性質產生變化，就不能作為電子零件安定使用。於是，所開發的就是不純物半導體。

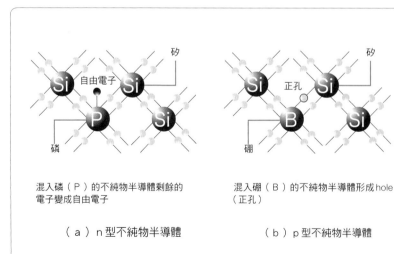

混入磷（P）的不純物半導體剩餘的電子變成自由電子

（a）n型不純物半導體

混入硼（B）的不純物半導體形成hole（正孔）

（b）p型不純物半導體

圖11.8　半導體的種類

不純物半導體，是在真性半導體加微量不純物而成的。如圖11.8般，剩下一個自由電子的不純物半導體，因電子為負（negative）之意，故稱為n型半導體。此外，反之，電子少一個，形成正（positive）電hole（正孔）的不純物半導體稱為p型。

半導體二極體

前項所述的二極體，是如圖11.9所示，組合n型和p型的半導體。

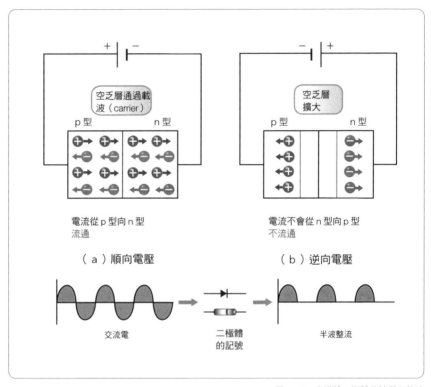

圖11.9　半導體二極體的性質和整流

　　半導體二極體的hole（正孔），實際上並不移動，是因電子依序填埋孔，以至被認為在移動。

如圖的左側般，在 p 型加正電壓，在 n 型加負電壓。這稱為順向電壓，但 n 型內的自由電子卻對負極反彈，而向 p 型方向移動。此外，p 型內的正孔對正極反彈，而向 n 型方向移動。電子是從 n 型向 p 型方向移動，結果，電流就從 p 型向 n 型方向流通。

　　半導體內的自由電子或hole（正孔），是電荷的移動，亦即電流的負責者，被稱為載波（carrier：有運送業者之意）。

　　其次，如圖的右側般，將電池反過來連接看看。這稱為逆向電壓，n 型內的電子受到正電極吸引，p 型內的正孔受到負電極吸引，在兩極蓄積電荷，電流就不會流通。此時，半導體的中央部幾乎沒有載波，在電氣上變成絕緣的狀態，該領域稱為空乏層。

　　二極體具有以順向電壓使電流流通，以逆向電壓使電流不流通的作用。於是，利用在收音機的檢波或將交流電變換成直流電的整流上。

　　日本物理學家江崎玲於奈博士（1925年～），混合很多不純物的 p 型和 n 型半導體使接合幅變薄，發現從圖11.10的 a 到 b 的一般狀態到 b 到 c 的電壓變高時，電流反而會減少，呈現「負性電阻」。這稱為 Esaki（江崎）二極體（隧道二極體），以此發現獲頒1973年的諾貝爾物理學獎。

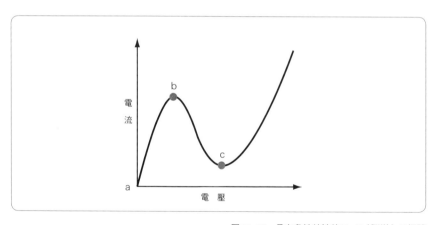

圖11.10　具有負性特性的Esaki（隧道）二極體

11-4　電晶體

電晶體的發明

　　在日本開始無線電廣播的 1925 年，收信機是使用礦石從高周波電流取出聲音信號的礦石檢波。發現礦石整流作用的是，在映像管（布朗管）留下其姓名的德國物理學家布朗（1850～1918 年）。

　　第二次世界大戰之頃，整流是使用二極真空管。在戰時中使用微波的雷達研究、開發大有進展，不過，微波的整流追不上真空管的電子移動，於是重新評估礦石檢波。

　　第二次世界大戰後，為了改良雷達的性能，進行半導體檢波器的研究，美國的 AT&T 貝爾研究所在 1939 年，作為雷達的檢波器發明鍺半導體二極體。此外，在 1948 年同一研究所的威廉・修克雷小組，發明使用半導體的電晶體（transistor）。

依電晶體的增幅

　　圖 11.11，是說明接合型電晶體。這是以 n 型半導體夾薄的 p 型半導體的構造，各有如圖示的基極（base）、射極（emitter）、集極（collector）的電極。如圖 11.11（a）般連接電池時，電流就不流通。這是如前項所述因二極體是從 p 型向 n 型流通電流，向反方向就不會流通電流所致，此電晶體也如圖示般認為是接續二極體的形態，因此電流還是不會流通。可是，如圖 11.11（b）般，在基極和射極間連接電池加順向的電壓時，就越過逆向的二極體流通電流 Ic，在射極和集極間就流通電流。

　　在此須注目的是，在基極流通的電流在射極和集極間變化成大電流。利用此作用，在收音機把微弱的收信電流在最後增幅到使擴大器發出聲響的大電流的聲音信號。因電晶體的發明，過去的真空管收音機變成電晶體收音機，一口氣小型化。接合型電晶體，也有在 n 型夾 p 型的 npn 型（圖 11.12）。

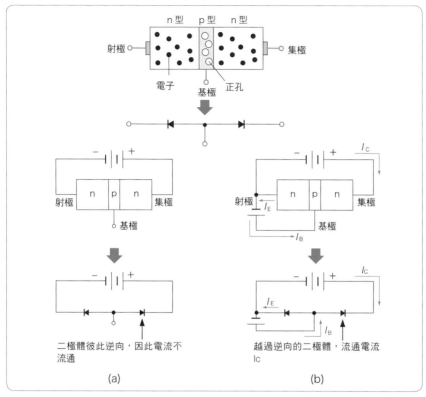

圖11.11 接合型電晶體的構造

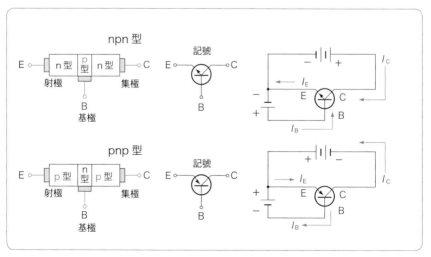

圖11.12 接合型電晶體有npn型和pnp型

基極電流的任務

　　圖 11.13 是 pnp 型電晶體,在射極和基極間加如圖般的電壓,射極的 hole（正孔）就向基極的方向移動。在此,如果基極層較厚,正孔和基極層的電子就中和,而無法穿過這一層。可是,基極層即使厚,也只是數百分之 1 mm 非常薄,幾乎多數的正孔都可以前進到集極。前進到集極內的正孔,因集極的負電壓,加速了集極電流 IC 的流通。

　　在基極層,正孔和基極內的電子僅結合一些些,為了彌補該電子而流通基極電流 IB,射極電流 IE 就形成如圖所示的 IE＝IB＋IC 的關係。

　　在此,僅將基極電流變化為 △ IB 時,集極電流和射極電流就變化

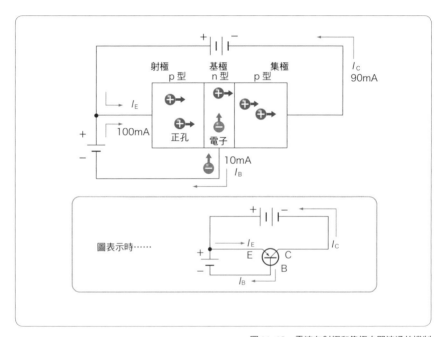

圖 11.13　電流在射極和集極之間流通的機制

　電場效果電晶體（FET：Field Effect Transistor）,是把三個電極稱為 S 極（Source）、G 極（Gate）、D 極（Drain）。變化 G 極的電壓,使從 S 極向 D 極的電子通路頻道的電流產生變化,控制 D 極電流。比起接合型電晶體,發生在內部的雜音變小,在高周波的特性亦優。也有稱為 MOS 型 FET 的種類。

為 △IC 和 △IE，因此，在此之間仍有所謂 △IE ＝ △IB ＋ △IC的關係
（ △ 表示微量）。

圖 11.13 是認為在基極流通 10 mA 的電流，但射極的電流是
100 mA，因此集極的電流就變成 90 mA。現在，將基極的電流輸入值
以集極電流輸出，即可了解因基極電流會大大影響集極電流。而且，
此時的電流增幅率是如下表示，

$$\frac{\Delta I_C}{\Delta I_B}$$

以此例來說，就變成9。

這就是在前項所學習的，因電晶體所引起的電流增幅，基極電流擔
任改變增幅率的任務。

鍺收音機不需要電池，但一般的收音機都要使用電池。那麼，電池
是使用在電路的哪個地方呢？

最近，使用IC的收音機變多了，但如所謂的「8石電晶體收音機」
般，也有加上幾個石的名稱的收音機。8石是使用8個電晶體之意，所
謂石就是電晶體。這是和使用真空管的收音機稱5球的情形相通。

鍺收音機，是以二極體檢波的低周波信號直接使晶體耳機發出聲
響。可是，該信號的電流非常弱，無法使擴大器發出聲響。圖 11.14
是 1 石收音機的增幅電路，和圖 11.13相同。左側的低周波信號，是
能使以電晶體增幅的擴大器或耳機發出聲響。

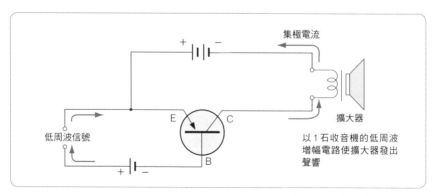

圖11.14　1石收音機的增幅電路

11-5 IC、LSI

積體電路是聚集半導體元件

IC（Integrated Circuit），顧名思義，是被翻譯為積體電路。這是在小晶片上，以微細的電路連接大量的半導體元件、電阻、線圈、電容器的構造，和組合前項的元件相比較，尺寸可以變得更小。

LSI（Large Scale Integration），是更高密度的積體電路，依規模可分類為 LSI、VLSI（Very Large Scale Integration）、ULSI（Ultra Large Scale Integration）等。可是，進展到更高積體化時，以這些分類就表現不出了，於是，以 IC 作為總稱來使用。而且，稱為 LSI 時，是指聚集數千以上的電晶體。此外，未積體化的電晶體或二極體的單體，稱為 discleat（單功能元件的總稱）。

LSI

1969 年，日本 Besicon 公司技術者嶋正利，被派遣前往訂購桌上型電腦 LSI 的美國英特爾公司。當時各企業所要求的桌上型電腦的規格各異，於是嶋正利以一個硬體狀態改變程式的創意，使自己設計的零件在 1971 年完成，世界第一個 MPU（Micro Processing Unit：小型處理機）4004 於焉誕生。MPU 是把中央處理裝置聚集在 1 個半導體晶片上的零件，翌 72 年，移籍英特爾公司的嶋正利完成 8080，其後，嶋正利所發明的 MPU 持續搭載在各式各樣的電子機器上。

此外，2008 年，NEC 試作僅改變程式即可改變頻率特性，亦可去除不要電波信號的世界第一個的 LSI（照片

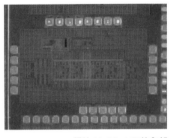

照片 11.13 LSI 的內部

①積體電路的元件數，10〜1,000 萬未滿的稱為 VLSI，1,000 萬以上的稱為 ULSI。

②所謂半導體的積體度是以所謂每約 2 年就會倍增的「姆亞法則」有名的英特爾共同創業者科湯・姆亞，曾在 2007 年預言「在今後的 10〜15 年左右，姆亞法則就會達到限界」。認為「電子技術在原理上有無法超越的限界」。

照片11.14　電子基板上的IC和LSI

11.13）。在一個LSI上，變更軟體之下以從400kHz到30MHz的頻率幅，即可吸入必要頻率。這種的LSI，是在手機或無線LAN等，以1台「軟體無線機」即可對應頻率不同的多數無線規格的實用化上不可或缺的。

照片11.14，是組入於電子機器基板上的IC和LSI。

電腦或Mobile產品不可或缺的電子零件

在筆記型電腦或PDA（攜帶資訊終端機）等CPU上，是使用小型的ULSI。演算的高速化無止盡，電路的線幅變成數十nm（奈米＝10億分之1公尺），開發超微細的加工技術。

半導體，是在所謂晶圓的圓盤狀基板上烤上類似照片沖洗程序的電路。為此，將線幅微細化，晶圓上的積體度就增加，在1片晶圓上可裝多數的晶片，能削減生產成本。此外，因線的長度變短，能以高速傳送信號，而更提高處理速度。

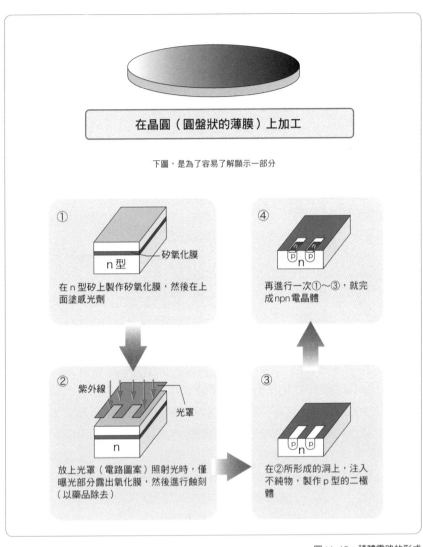

圖 11.15　積體電路的形成

　　晶圓，是將圓柱狀的矽單結晶塊削成薄片而成的，圖 11.15 是說明形成積體電路前的過程。為了容易了解說明，僅描繪晶片的一部分，但實際上，是在大圓盤狀的晶圓上製作眾多的積體電路（IC）。

　　晶圓的大小，有直徑 50～300 mm 的種類。這是因為製作大口徑的晶圓技術年年進步所致，直徑越大的，越可以從 1 片晶圓切出多數的 IC

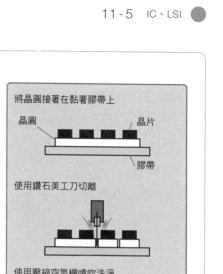

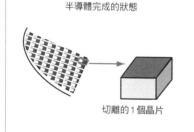

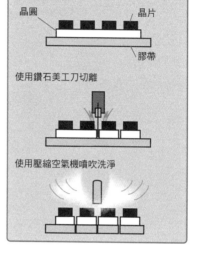

1個晶片

半導體完成的狀態

切離的1個晶片

將晶圓接著在黏著膠帶上

晶圓　　　　　　　　　　晶片

膠帶

使用鑽石美工刀切離

使用壓縮空氣機噴吹洗淨

圖11.16　晶片的切離

晶片。

　　完成的晶圓，是如圖11.16般首先接著在黏著膠帶上。這是為了在之後的工程抵住由鑽石作成的美工刀切斷時，必須確實固定而作的。將晶圓切成IC晶片的加工稱為造粒（Pelletise），這是作成粒狀之意。

　　在造粒之際，會殘留晶圓的微小屑屑，使用壓縮空氣機噴吹洗淨時，就完成各個的晶片。IC的尺寸逐年變小，因此在造粒上是使用所謂超精密切削特別技術的半導體晶圓切削裝置，透過使用電腦的數值控制（NC：Numerical Control）發生動作。

11-6 半導體記憶體

半導體記憶體的任務

插上電腦的電源,首先事先就裝入的ROM(Read Only Memory)記憶體程式就啟動了。其後,電腦在計算時,就在主記憶裝置(亦稱Main Memory)寫入資訊,再由此讀出。可以讀寫的記憶體稱為RAM(Random Access Memory),記憶在以電腦內啟動的程式或資料,在切掉電源時,這些資訊都會消失。可是,記憶體的動作速度快速,因此作為暫時記憶資訊的裝置使用,大量的資料在切掉電源時資訊也不會消失的硬碟,可以長期保存。

DRAM的機制

半導體記憶體有幾個種類,在此是說明所謂DRAM(Dynamic Random Access Memory)記憶體的機制。圖11.17,是所謂DRAM的存儲單元(Memory cell)部分的構造圖。電腦的主記憶裝置,是如圖般把排列記憶IC的記憶模塊(Memory module)插入電腦的基板上

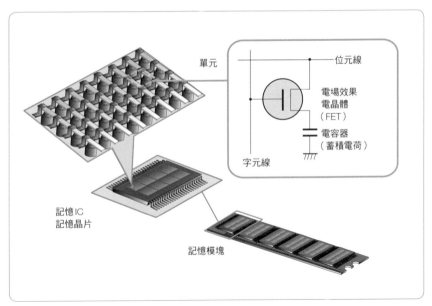

圖11.17 DRAM的存儲單元構造圖

來使用。擴大位於記憶IC內的記憶場所（記憶晶片）時，如圖般可縱橫上看到幾條細線（字元線和位元線），這些線的交叉場所就是存儲單元。所謂cell，是細胞之意，這是可以記憶1位元的最小單位。

存儲單元，是由電晶體和電容器所構成。電容器可蓄電，因此以在電容器有否電荷，即可標示1和0的1位元。

圖11.18是表示這種的機制。在各個存儲單元上連接圖11.17所示的所謂字元線和位元線的配線，然後通上電流，即可如腦細胞般記憶資訊。

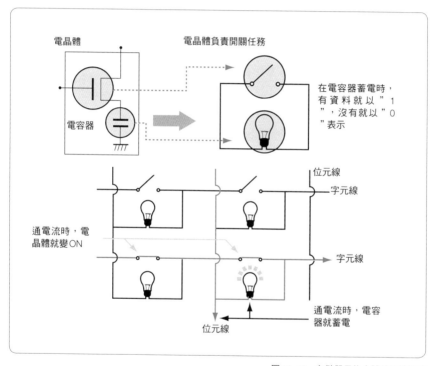

圖11.18　存儲單元集合體的記憶矩陣

①前東芝的舛岡富士雄博士（1943年～），是Flash Memory的發明者，在2004年向東京法院提出訴訟要求公司支付發明的對等價值，2006年和東芝達成和解。

②2007年，TDK開發次世代半導體記憶體「MRAM」。使用以HDD用座磁性薄膜技術的磁性材料的記憶體，即使切掉電源，資訊也不會消失。

DRAM是作為電腦的主記憶裝置使用，但是，電容器的電荷是隨著時間的經過而減少，因此，每隔一定時間需進行為了保持記憶的重新寫入。為此，切掉電腦的電源時，記憶內容就會消失。

　　SDRAM（Synchronous DRAM），是和一定週期的clock信號同步動作般改良的DRAM，作為電腦用記憶體被廣泛使用。

ROM的種類

　　關掉電源也能保留記憶的不揮發性記憶體，被稱為ROM（Read Only Memory），利用者可以寫入的PROM（Programmable ROM）也有幾種類。

　　EPROM（Erasable Programmable ROM），是依消去的方式有UV-EPROM（紫外線消去PROM）、以電可消去PROM的EEPROM（Electrically Erasable PROM）等。也使用在電腦的試作品上，或記憶控制電腦周邊機器程式BIOS的ROM等。

　　矽音響、USB記憶體、數位相機、手機等也使用有EEPROM的Flash Memory（如RAM與記憶體的結合），因為廣泛普遍，即使大容量也會變成低廉價格。

　　替代硬碟（HDD），搭載Flash Memory的SSD（Solid State Drive）的筆記型電腦，已成功開發。

　　SSD，是和旋轉金屬圓盤的HDD不同，不用馬達旋轉圓盤，比較省電。此外，沒有座，就不需要有驅動座的多餘時間，因此比HDD高出3倍以上高速讀取資料。如此般，沒有驅動機械性動作的零件，而大幅減少可能故障的部位。

　　搭載SSD的電腦，是比傳統搭載HDD的電腦高價的行動電腦。能以量產化降低價格時，作為將Hi-vision錄影、編輯的記憶體就大有展望。

11-7 感應器和機器人工學

感應器的種類和任務

感應器有如下般眾多的種類。這些是在自動控制或機器人工學上不可或缺的電子零件。

①位置感應器

②速度感應器

③角速度、加速度感應器

④力感應器

⑤溫度、濕度感應器

⑥CCD相機

⑦其他的感應器（味覺感應器、嗅覺感應器等）

角速度感應器也被稱為陀螺感應器。使用在船舶或航空飛機上的陀螺，是利用「地球陀螺」的旋轉慣性力（旋轉物體維持其旋轉狀態的表面力），是以如圖11.19的小電子零件實現而成的，和加速度感應

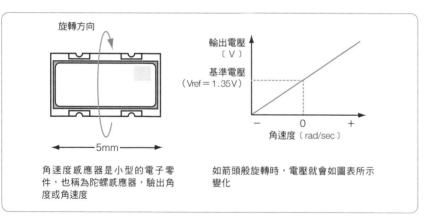

角速度感應器是小型的電子零件，也稱為陀螺感應器，驗出角度或角速度

如箭頭般旋轉時，電壓就會如圖表所示變化

圖11.19 角速度感應器的角速度和輸出電壓

如地球般位於旋轉座標系上的流體活動時，在北半球是對應流動方向向右，受到直角方向的力，以致看起來像彎曲般。

器一起內建於遊戲機的控制器內。

應用在振動體加旋轉角速度時，就會發生所謂柯氏力（Coriolis Force）的原理，就是角速度感應器，在加速度感應器方面是對應加速度的力傳到壓電（Piezo）電阻上，改變電阻值而了解加速度。

這些都是使用MEMS技術製造的微細感應零件，感知落下使HDD在受到衝擊之前就把磁座退向安全領域，驗出相機的手振等身邊的電氣機器也有使用。

電路或電腦是以電壓進行資訊的輸出入。於是，感應器將所驗出的各種資訊（位置、旋轉角、速度、加速度、力等）作為變換成為電壓信號的變換器以完成機能。

機器人工學與感應器

機電整合（Mechatronics），就是機械工學（Mechanics）和電子工學（Electronics）融合而成的造語。此外，Robotics譯為機器人工學，也可說是為了控制機器人的系統工學，以融合資訊工學、人類工學、認知科學、心理學等廣範圍領域而實現。

筆者在孩童時期十分熱中手塚治蟲的漫畫主角原子小金剛，故事中是在2003年4月7日誕生。現在的機器人比日本江戶時代的活動人偶進化的更高度，不過，機器人工學是可以更讓人期待的領域。

由日本開發的國際太空站（ISS）重要設施的實驗棟「希望」，是2008年由日本土井太空人成功裝置船艙保管室作業。以高精度活動的機器人手臂在太空上也大顯身手。

機器人的關節上，使用了各種的感應器。圖11.20是簡單的機器人手臂關節，在各關節上裝置能驗出旋轉角度的感應器A、B。對手臂A台座的旋轉角度。是使用感應器A驗出。感應器A，首先讀取手臂靠近目的位置的旋轉角度。此外，對手臂A的手臂B的旋轉角度，

所謂MEMS，是指微小的電氣機械元件或其製造技術。是Micro Electro Mechanical System的簡稱。使用在加速度感應器或陀螺感應器、噴墨式印表機的頭上。

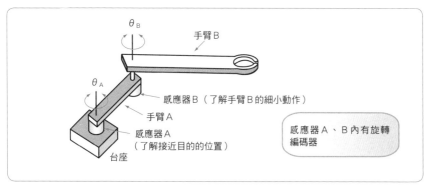

圖11.20　機器人手臂的關節

是由感應器 B 驗出。在此，感應器
B 驗出手臂 A 和手臂 B 的相對性旋
轉角度，為了必須把旋轉角度變換
成電壓資訊輸入，使用配合旋轉角
度改變電阻值的可變電阻器（稱為
Potentiometer）。此外，也可作為
將旋轉角度以類比電壓輸出的感應器
使用。

　　將旋轉角度變換成電壓的其他種

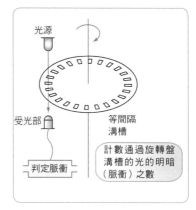

圖11.21　旋轉編碼器的構造

COLUMN

壓電（Piezo）電阻

　　所謂壓電電阻，是在結晶加力時，結晶格子就產生歪曲，半導體
的電阻值發生變化的元件。在結晶格子上加力產生歪曲，使電子的
移動度起變化，電阻值就變化。所謂Piezo，是壓電之意，加力時就
成正比出現表面電荷的現象稱為壓電效果。在水晶等結晶上加電壓
時，水晶伸展、收縮的現象稱為逆壓電效果。此外，也有把雙方的
現象一起稱為壓電效果的情形。顯示壓電效果的物質稱為壓電體，
也利用在瓦斯爐的點火上。

類感應器，有旋轉編碼器（Rotary Encorder）。這也使用在電腦的光學滑鼠（Mechanical mouse，以內建橡皮球的旋轉獲得移動量的方式）。圖11.21是表示其機制。在旋轉圓盤上刻細細的溝槽，以各一定旋轉角度輸出光的脈衝。以受光部，數其脈衝數即可了解旋轉角度。

驗出病原體的生物感應器

2007年，安迪思電氣公司和弘前大學共同開發能驗出感染症病原體的生物感應器（照片11.15）。將取自患者鼻子或咽喉的咽頭液塗在感應晶片上，組入生物感應器上照射光線約15分鐘後，即可驗出有否感染症病原體。該感應晶體可反應人流行性感冒（H1、H2、H3型）和高病原性鳥流行性感冒（H5型）。

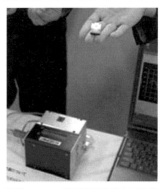

照片11.15　將感應晶片放入手掌般小盒子，裝置在生物感應器（下）上

感應晶片是1.8cm四方，厚度0.2mm的玻璃，在採取的檢驗體上照射特定波長的光，以其反射角度即可特定病原體種類的機制。

味覺感應器

分析「味」的味覺感應器開發，正在進行中。味覺是以位於舌上的味細胞來感受，例如在以昆布或柴魚片熬成的高湯內，含有美味成分的谷氨酸鈉等變成離子（帶電的電子）時，接觸味細胞使神經的電位發生變化。以此變化量的差異，人能感受到美味或不美味，味覺感應器就是替代味細胞使用脂質膜，將這種電位的變化量變成數值來

電腦的光學式滑鼠，是在光源上使用LED，處理從CMOS形象感應器所獲得的畫像以驗知動作。CMOS形象感應器，是使用CMOS（相輔型金屬氧化膜半導體）的感光元件，其他也有把紅外線LED等的不可視光或雷射作為光源的滑鼠。前者是使用紅外線感應器，後者是使用雷射感應器讀取畫像的資料。

評估。測定、分析甜味、美味、濃味、苦味、鹽味的5個要素，判定
「味」。

至於「氣味」，其本源的物質在空氣中的濃度低，致使測定較困難，
因此有關「風味」的廣範圍物質仍未確立一個一個加以特定的技術。

在遙控器等大顯身手的紅外線感應器

電視或DVD錄放影機等，從遙控器發出紅外線信號，以本體的紅外
線感應器感知而起動作。雖是便利的機器，但因最近各種家電製品都
以遙控器操作，例如發生以電視的遙控器起開電暖爐的錯誤動作。

據說，評估有關生活安全、安心技術資訊的製品評估技術基盤機構
（NITE），如圖11.22般「認為是以信號的一部分偶然一致為原因」。

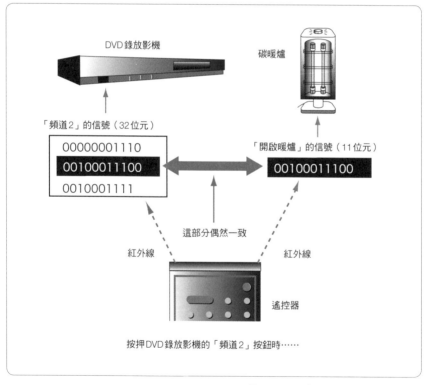

圖11.22　信號的一部分偶然一致為原因？

可是，日本國內的產品為了防止這種遙控器的錯誤動作，從1987年就引進在登錄企業上分配公司密碼的規則，使國內產品間幾乎不再引起錯誤動作，但容易引起事故的電暖爐，是在進口產品中仍會發生開啟暖爐的錯誤動作。2007年，修正、施行禁止在電暖爐的遙控器上搭載含電源的機能（電氣用品安全法）。

使用在出入境管理上的指紋感應器

2001年9月11日同時發生多起恐怖事件以後，美國強化出入境管理，在入境審查櫃台進行掃描兩手食指的指紋，和使用數位相機拍攝臉部照片（圖11.23）。指紋感應器也搭載在筆記型電腦或手機上，作為以指紋確認本人方可使用的安全機能。

該指紋感應器，有讀取將手指按壓在菱鏡上所得影像資料的光學式，以及在手指的真皮上發生電場生成指紋畫像的電場強度測定方式等。

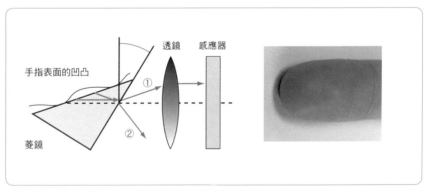

圖11.23　光學方式，是利用指紋的山和谷的反射光方向的改變，以透鏡聚集①的光取得指紋的畫像。②是表示散亂的光

微小的決死圈

有過一部以縮小光線將潛艇小型化，再注入人體內的SF電影（科幻電影）。雖然不能變成這樣小型，但有如藥般吞入檢查小腸的膠囊型內視鏡，現日本已適用在健保上。圖11.24，是RF SYSTEM lab.開發的Norika（第一世代膠囊型內視鏡），在超小型膠囊內內建CCD相

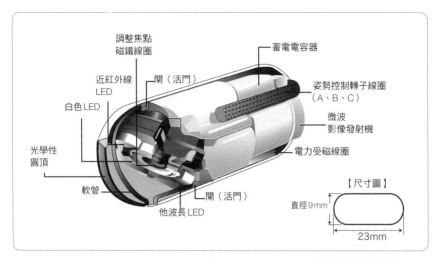

圖11.24　RF SYSTEM lab.開發的膠囊型內視鏡 Norika

機、以無線操縱的控制器、輸送電力和姿勢控制用的線圈。現在，已開發Sayaka（次世代膠囊型內視鏡），不過，繼續改良在膠囊側面裝置透鏡邊旋轉邊攝影的方式。

　這種膠囊的外側和內側是雙重構造，外側是以消化器官的內壁被固定，僅附有透鏡的內側旋轉攝影。側面的境界攝影，雖是比較弱的照明一樣也看得明亮，可作詳細的攝影，Sayaka可獲得每 $1\,mm^2$ 2萬畫素的畫像。高解像度的資料，可在電視螢幕的畫面上放大顯示，因此可詳細調查消化管的表面狀況，進行診斷。

　吞入膠囊，通過胃抵達小腸時，膠囊因小腸的蠕動運動慢慢前進。膠囊邊旋轉邊在1秒間攝影30張，可獲得和電視的動畫一樣張數的畫像。此外，這種旋轉力是利用小型的永久磁石和電磁石組合產生的反彈力。以規定的細小角度單位旋轉所謂步進馬達（Stepping Motor）的馬達，傳送如脈搏般的脈衝狀信號控制旋轉角。該旋轉角稱為步進角度，據說Sayaka能以7.5度的步進角度進行連續攝影。

　膠囊內沒有電池，電力是從體外利用法拉第的電磁誘導以無線傳送，在照明上也能獲得充分的電力。這些零件更小型化，使各種消化器能轉動時，不僅以內視鏡檢查，或許還可以邊看畫像邊進行確切的治療。

　　在報紙上常可看到所謂MEMS，就是如此般微小的電氣機械及其製造技術。日本在1980年代正式開始擅長的微細加工技術，在日本也稱為微小機械。

生物感應器和生物電子學

　　生物感應器，是以信號變換器把具有酵素反應或微生物反應等熱的光學性變化變換為電氣信號的裝置。此外，生物電子學，是研究涵蓋化學、生物學、物理學、電子學、奈米技術或材料科學的領域。

　　最近常聽到的所謂生物電腦（Biocomputer），是利用DNA（脫氧核醣核酸）的4種類鹼特性，以及操作DNA的酵素作為演算元件使用的DNA電腦。組入人體內作為電腦操作時，半導體元件將變成能在困難的細胞內工作的微小治療裝置，也使微小的決死圈變成不只是夢。

　　現在的電腦，是把0或1作為1位元組合以表示數字或文字，依序進行資訊處理。量子力學，是說明在電子或原子核之間所發生現象的現代物理學理論，不過，量子電腦是使用是0也是1的狀態同時存在的所謂「量子位元」。

　　量子資訊處理的基本，是把作為1位元的0和1的值以任意分配重疊相合的狀態來保持，認為把這種量子位元以複數利用並列，即可實現大量的資訊處理，這還處在基礎研究的階段，預測實現須在2025年以後。

　　量子密碼通信，是依據認為不能同時測定的素粒子（構成物質的最小單位）的運動量和位置的海森堡（Heisenberg）的測不準原理（不確定性原理）。亦即，在素粒子的世界，因使用在測定上的波會帶來影響，因此在觀測的同時被觀測場的狀態發生變化。例如，以光纖進行資料通信時，光子（光的最小單位）是遵從測不準原理，因此利用被觀測時光子狀態改變的現象，即可明白資料有否被盜聽。量子密碼通信的實用性已近，現在正思考研究中繼量子位元以延伸通信距離的技術。

第12章

電氣和太空

12-1 來自太空的訊息

何謂電波之窗、光之窗

距離地球約300公里的上空有空氣和水蒸氣，某波長的電磁波被大氣等吸收，僅圖12.1所示稱為「電波之窗」或「光之窗」的波長範圍可在地面接收。除此以外的波長的電波或光被大氣遮蔽，因此在地面是從這些窗來窺視、觀測。

圖12.1的橫軸是表示電磁波的波長，縱軸是表示對電磁波大氣沒有被遮蔽，亦即變成透明的程度（亦稱為透明度）。從30GHz到可視光，而且這以上的紫外線是被水蒸器或氧等吸收。

如果沒有電波之窗，也無法使用電波望遠鏡，人造衛星的通信也會變成不可能。

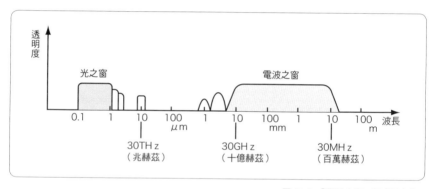

圖12.1 「電波之窗」和「光之窗」

電波望遠鏡的機制

光學望遠鏡，是以透鏡聚集從太空抵達地球的可視光線來觀測天體。日本國立天文台夏威夷觀測所的「昂望遠鏡」，是使用1片鏡子的世界最大的反射望遠鏡．

光是電磁波的一種，而接收從太空發出的電磁波觀測的天文學稱為電波天文學。圖12.2，是以日本國立天文台野邊山宇宙電波觀測所的45m電波望遠鏡，使用巨大的拋物面型天線接收來自太空微弱毫米波的電波，以高感度的接收機和記錄裝置構成。

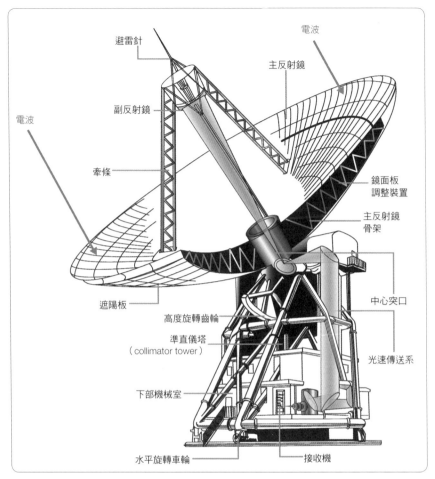

避雷針

電波

主反射鏡

副反射鏡

電波

牽條

鏡面板
調整裝置

主反射鏡
骨架

遮陽板

中心突口

高度旋轉齒輪

準直儀塔
（collimator tower）

光速傳送系

下部機械室

水平旋轉車輪

接收機

圖12.2　日本國立天文台野邊山宇宙電波觀測所的45 m電波望遠鏡
引自http://www.nro.nao.ac.jp/~nro 45 mrt/outreach/overview.html

　　毫米波的電波容易受到大氣中的水蒸氣吸收，因此須設置在水蒸氣少的場所。此外，能避開發生於都會的人工電波的山所包圍的高地較為適合。

　　所觀測的電波不只是太陽系，也能接收放射強力電波的電波星或距離地球100億光年以上稱為類星體的銀河的一種。以宇宙創成時的大霹靂（Big Bang）理論，認為在約137億年前因大爆炸而開始宇宙，在最近的將來，或許會出現能迫近宇宙盡頭的電波望遠鏡。

能和宇宙人通信嗎？

　　若能了解來自太空的電波，是傳達哪種訊息的信號時，或許就能探索宇宙人的存在。美國行星協會（The Planetary Society）的SETI@home（Search for Extraterrestrial Intelligence at Home）專案計畫，以網路連接全世界的電腦使用者，對電波望遠鏡所接收的龐大量資料進行解析。

　　此外，日本也開始使用兵庫縣立西播磨天文台的世界最大級望遠鏡「Nayuta」的所謂SETI@NHAO日本專案計畫。Nayuta望遠鏡具備超高感度Hi-vision相機或可視冷卻CCD相機等觀測裝備，以使用可視冷卻CCD相機的特殊觀測，一窺宇宙盡頭。

小宇宙之旅

　　使用電子顯微鏡可看到的世界，常被稱為小宇宙。眼睛看不到的微生物世界，也是小宇宙，而宇宙就是大宇宙。

　　設在學校理科室的顯微鏡，是將通過對物鏡的像以接目鏡放大的光學性顯微鏡。另一方面，電子顯微鏡是如圖12.3所示從位於上部的電子槍對試料照射電子線，再用電容器鏡頭（聚光鏡頭）來縮小。然後，電子透過試料將依對物鏡放大的像結合起來變成可以看得見一樣，再由投射鏡放大變成可以看見微小的物體一樣。光學顯微鏡也是把可視光的反射光以透鏡放大，因此基本的機制是相同的。可是，顯微鏡的分解能力（可分辨看出二個微細物體的能力）是以光的波長而定，因此，光的波長沒有比試料小，就辨別不出試料的構造。

　　可視光的波長是380～780nm（奈米），因此比奈米小的物體，像會模糊而無法判別構造。可是，電子顯微鏡的電子線波長比可視光更短，具有數nm的分解能力。現在，以高分解能力的電子顯微鏡可觀測原子層級（可明確看出原子排列的層級），因此，小宇宙之旅是指日可待的。

SETI@home，是使用連接網際網路的電腦進行對地球外知性生命體探查（SETI）的科學實驗。下載免費的程式，即可參加分析電波望遠鏡資料的專案計畫。詳細參照下記的網頁。http://www.planetary.or.jp/setiathome/home_japanese.html

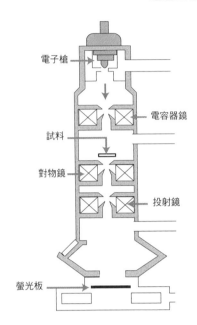

透過型電子顯微鏡

電子槍

電容器鏡

試料

對物鏡

投射鏡

螢光板

以電子槍發射的電子束，用電容器鏡緊縮，電子透過試料，以對物鏡放大、結像。然後
以投射鏡放大，投影在螢光板上

圖12.3　透過型電子顯微鏡的機制＜照片提供：山口東京理科大學＞

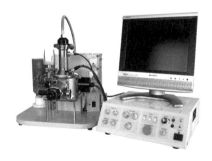

照片12.1　超小型掃描電子顯
微鏡（TECHNEX工房的桌上型
SEM Mighty-8）＜照片提供：
TECHNEX工房＞

 　　超小型掃描電子顯微鏡於日本創新企業TECHNEX LAB被商品化。若是能普
遍運用於教育上，喜歡理科的小朋友可能就會增加。

12-2　各種的衛星通信

業餘無線電家的衛星通信

衛星通信，在一開始是為了彌補地面或海底電纜線路的用途使用，但現在，活用的範圍擴大到電視轉播、取得遠程地形資料、GPS（全球測位系統）或太空望遠鏡等。

業餘無線電家無線的通信，是以 OSACR（Orbiting Satellite Carrying Amateur Radio）之名聞名。奧斯卡 1 號（照片 12.2）是1961 年在美國發射，將 144.98 MHz 的標識信號電波以摩斯密碼變調發信，由全世界的業餘無線電家接收。1965 年發射的奧斯卡 3 號，是首次搭載中繼裝置以衛星為介互相通信。

照片 12.3 是筆者在 1986 年在陽台實驗的天線，以奧斯卡 10 號為介和海外的業餘無線電家通信。將市售的八木天線設置成八字形，設法取得圓偏波。所謂圓偏波，是隨著時間的經過電場和磁場旋轉的電波，之所以使用，是因為從衛星送來的電波還是圓偏波所致。

圖 12.4，是從通信衛星發信之電波的偏波（電場振動的方向），從偶極天線放射作為單一直線狀描繪。在地球上的 A 地點，對衛星以水平偏波的天線接收即可，不過，在 B 地點則須以垂直偏波接收。為了

照片 12.2　1961 年發射的奧斯卡 1 號（史密森尼博物館）

照片 12.3　筆者在 1986 年在陽台實驗的業餘無線電家衛星用的圓偏波天線

日本首次的葉餘無線電家衛星，是在 1986 年從種子島宇宙中心發射的「富士 1 號（Fuji-OSCAR 12）」，其後陸續發射 2 號、3 號，現在正運用美國、英國、俄羅斯等業餘無線電家衛星有近 30 個。

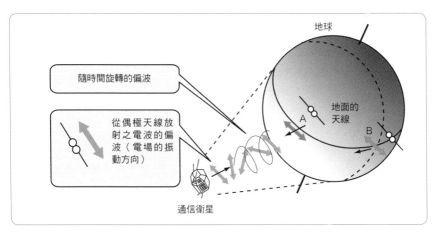

圖12.4　從通信衛星發信之電波的偏波和接收點的偏波

使居住在其他地點的人也能公平接收，使用隨時間的經過，電磁波振動的偏波面旋轉的圓偏波較為適合。

移動體衛星通信系統　

　　移動體衛星通信，是以汽車、新幹線、船舶、航空飛機等移動體為對象的衛星通信。和地面的無線通信相比較，和衛星的通信更廣域，而且不會形成如山谷般電波到不了的不感地帶的特長。下一世代 S 帶寬頻移動衛星通信系統，是使用所謂 S 帶（波段）的 2 GHz 帶頻率進行所謂 1 Gbps（千兆位元每秒）的大容量通信。

　　S 帶（波段）的波段，是指頻率帶。這是歐美一般使用的稱呼法，S 段（2～4 GHz 微波爐、無線 LAN 等的 ISM）、L 段（0.5～1.5 GHz 的 GPS 等）、K 段（18～26 GHz 的 CS 轉播等）、Ku 段（12～18 GHz 的 BS 轉播等）、Ka 段（26～40 GHz 通信衛星）等。

VSAT衛星通信系統　

　　VSAT（Very Small Aperture Terminal）是超小型衛星通信地球站，一般是裝備直徑 1.2～1.8 m 左右的拋物面型天線。將小型的拋物面型天線設置在大廈的屋頂或辦公室等，即可簡便進行雙向的衛星通信。解決在地面不易鋪設通信線路地區的困擾，或作為電視公司的移

動中繼或災害時的通信方式等活用其特長的利用領域。

擴大對太空之夢

　　美國、俄羅斯、日本、加拿大、ESA（歐洲太空機構）聯手合作進行建設的國際太空站（ISS:International Space Station），也有業餘無線電家無線站NAISS或RSφSS（這些是站的稱號）的設備。擁有業餘無線電家證照的太空飛行員也多，和擁有相同嗜好的地球無線電家談話，或許可以有效保持他們的心理安定。

　　舉辦和地球上的孩子互相通信的「ARISS學校聯繫」，成功互通信息。所謂ARISS，是Amateur Radio on the ISS的簡稱，是指國際太空站上的業餘無線電之意。

　　2007年9月14日，日本第一次大型月球探測機，由H-ⅡA火箭發射。該計畫稱為「SELENE（SELenological and ENgineering Explorer）」，作為阿波羅計畫以來的正式月球探測而備受注目。

　　月球環繞衛星「Kaguya（SELENE）」，是在2007年10月31日世界第一個成功從100km上空拍攝月球的Hi-Vision畫像。（照片12.4是

照片12.4　2007年11月7日的「地球的出現」
（『JAXA/SELENE）

照片12.5　"鷹隼號"拍攝正降落在小行星糸川上的行星表面畫像

　　日本宇宙科學研究所在2003年發射的小行星探測機"鷹隼號"，在2005年11月25日著陸距離地球約3億km，長徑約540m的小行星糸川（源自日本的火箭開發之父糸川英夫博士）上約30分鐘。在月球以外的天體著陸、離陸是世界首見，採集的天體樣本在2010年帶回地球。"鷹隼號"降落在小行星糸川上所拍攝的畫像上，確認刻有149個國家88萬人姓名的Target Marker（照片12.5）。

從月球看到的「地球的出現」）。

CubeSat

CubeSat，是由全世界的大學生製作的10cm立方，重量1kg以下的超小型人造衛星，以發射到地球旋轉軌道上來運用為目的的專案計畫（照片12.6）。史丹佛大學教授羅伯・托依克思，向1999年的USSS（University Space Systems Symposium）會議提案通過，其後以日美的大學為中心有超過60個全世界的機構進行開發。通信是利用業餘無線電帶，因此，業餘無線電家也是邊協助邊運用。所謂USSS，是指以有關太空工學和專案計畫管理的教育為目的，包括日美學生的有關人士，戮力共有技術或知識的國際性社團。

照片12.7，是日本創價大學的黑木研究室所開發，命名為Excelsior的CubeSat基板。這是為了拍攝地球，由相機或ROM（畫像資料保存用記憶卡）、內建電腦（FPGA、PIC）所構成。FPGA（Field Programmable Gate Array）是能進行程式設計的LSI，常採用在液晶電視或電腦、手機的基地台、通信關聯產品等。

PIC（Peripheral Interface Controller：周邊機器連接控制用IC），是和CPU相同，具有演算處理機能，也有記憶卡，因此能用軟體控制。

這是微晶片技術公司（Microchip Technology Inc.）製造的IC，PIC是以1片晶片收入CPU、記憶卡（RAM、ROM）、輸出入裝置等。由寫入ROM的程式進行動作，電路構成簡單價廉，因此在電子工作用上大有人氣。

照片12.6　在2003年6月30日發射的XI-IV

照片12.7　日本創價大學黑木研究室開發的CubeSat、Excelsior基板

12-3　GPS和愛因斯坦

GPS的機制

　　使用在汽車導航或手機上的GPS（全球測位系統），是因美國國防部管理的所謂Global Positioning System軍事用衛星測位系統資料對民間開放才實現。衛星測位系統是接收來自多個人造衛星發訊的測位信號來了解地球上的收訊位置。

　　GPS衛星發射了將近30個，傳送衛星的軌道和搭載在衛星上的原子鐘的正確時間資料。收訊側，是從其中接收來自位於上空的幾個GPS衛星的電波信號，從這種電波的時間差，計算和各個衛星相對性的距離差，求出其交叉點即可定出位置。

　　圖12.5，是接收來自3個GPS衛星電波信號之例。求來自3個衛星的距離時，將此想成是相機的三角架，即使3支腳的長度不同，一樣能定出相機固定的位置般，空間上的一點也能定出。實際上，接收信號的衛星並非僅限於3個，而是配合個數使用最適切的方法。

　　GPS衛星發訊的電波頻率是1.5 GHz帶，波長是約20 cm，因此補丁

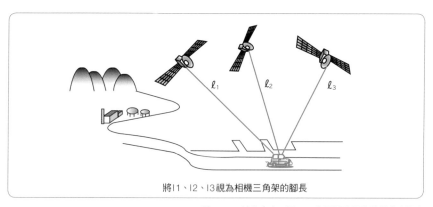

將l1、l2、l3視為相機三角架的腳長

圖12.5　接收來自3個GPS衛星電波信號的移動中汽車

　　GPS衛星的電子鐘精度是10億分之1秒，10萬年才有1秒之差。

型天線的一邊長度比半波長10cm更短。將主要電路以IC小型化，也有組裝在登山等使用的手表上。

重要的愛因斯坦相對性理論

思考圖12.5所示的GPS機制時，三角架的各腳長度僅稍微移位，位置就變得不正確，可知無法獲得GPS 10m程度的精度。

GPS衛星的電子鐘是和地面的時間精密配合，和GPS的距離是從自己的時間和來自衛星的時間之差，使用以下式子計算：

電波的速度＝光的速度＝ 2.99792458×10^8 [m/s]

從愛因斯坦的特殊相對性理論，了解活動的物體的時間會延遲。GPS衛星的速度，是秒速約3.88km。於是，為了使衛星的時間和地面的時間吻合，必須補正這種延遲的分。此外，從一般相對性理論因地球表面和GPS衛星的重力之差，GPS衛星的時間比地球表面更早進行，因此也要補正這部分。

補正值的合計，是把衛星假定在完全圓的軌道上時，聽說會變成 4.4×10^{-10} 秒。實際上並非完全圓的軌道，因此，由此引起的誤差也以GPS收訊機補正。

擴大GPS的利用

手提GPS，是攜帶型的GPS終端機，多數的製造廠商都有販售。在手機當中，也有具備GPS機能的類型，由於無法以攜帶立即處理GPS的座標計算，因此從攜帶基地台傳送到別的電腦來處理。

另一方面，手提GPS是以單獨進行座標計算，最小型的也有如手錶般的類型。此外，以使用在登山等戶外活動為前提的種類，是具備在雨中也能使用的生活防水機能（照片12.8）。

Diffrential GPS（相對測位方式），是知道位置的基地台也能接收GPS的電波，在基地台傳送補正資訊，由移動台接收進行補正處理。在日本，是由海上保安廳以中波Beacon（標識信號）傳送補正資訊。

照片12.8　手提GPS之一例　　照片12.9　手提無線電收發兩用機，附有GPS的標誌和顯示畫面

　　業餘無線電家所使用的手提無線電收發兩用機，也有搭載GPS機能的機種（照片12.9）。能顯示自己位置的資訊，向對方台傳送自己位置的資料，以登錄的對方台的位置資訊為基礎，亦可顯示對方台的方位。

　　手提GPS，是連接電腦時就變得非常便利。例如，從電腦到手提GPS傳送初次拜訪場所的位置資訊時，隨時都能確認其場所，此外，使用專用軟體時，也能在事前準備前往目的地的路線圖。

　　GPS，原本是為軍事用所開發的最先端系統，而能夠縮小到手錶類型，主要是因開發超小型化接收用天線所致（圖12.6）。

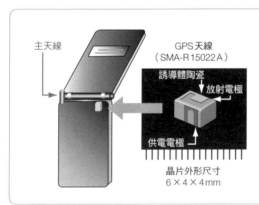

圖12.6　超小型GPS天線的事例

　　日本的衛星測位系統，計畫以3座人造衛星補正位置資訊，進行高精度測位的準天頂衛星QZS（Quasi-Zenith Satellite）系統。

電學，精簡圖解很好懂

電學，**精簡圖解** 很好懂

索 引

TITLE

電學，精簡圖解很好懂！

STAFF

出版	三悅文化圖書事業有限公司
作者	小暮裕明
譯者	楊鴻儒
總編輯	郭湘齡
責任編輯	闕韻哲
文字編輯	王瓊苹
美術編輯	李宜靜
排版	執筆者設計工作室
製版	明宏彩色照相製版股份有限公司
印刷	綋億彩色印刷股份有限公司
代理發行	瑞昇文化事業股份有限公司
地址	台北縣中和市景平路464巷2弄1-4號
電話	(02)2945-3191
傳真	(02)2945-3190
網址	www.rising-books.com.tw
e-Mail	resing@ms34.hinet.net
劃撥帳號	19598343
戶名	瑞昇文化事業股份有限公司
本版日期	2015年3月
定價	280元

國家圖書館出版品預行編目資料

電學，精簡圖解很好懂！ ／小暮裕明著；
楊鴻儒譯.-- 初版. -- 台北縣中和市：
三悅文化圖書出版：瑞昇文化發行，2010.09
320面；14.7×21公分

ISBN 978-986-6180-07-1 (平裝)

1.電學 2.電路

337   99016510

DENKI GA OMOSHIROIHODO WAKARU HON
© HIROAKI KOGURE 2008
Originally published in Japan in 2008 by SHINSEI PUBLISHING CO., LTD..
Chinese translation rights arranged through TOHAN CORPORATION, TOKYO.,
and HONGZU ENTERPRISE CO., LTD.